U0160152

稠油开发的

中国样本

霍 进 主编

中国科学技术出版社

·北 京·

图书在版编目（CIP）数据

稠油开发的"中国样本"/霍进主编 . –– 北京：
中国科学技术出版社，2021.3
ISBN 978-7-5046-8975-7

I. ①稠… II. ①霍… III. ①稠油开采—研究 IV.
① TE345

中国版本图书馆 CIP 数据核字（2021）第 027941 号

总 策 划	秦德继
策划编辑	王 菡　张敬一
责任编辑	高立波　张敬一
责任校对	邓雪梅
责任印制	李晓霖

出　　版	中国科学技术出版社
发　　行	中国科学技术出版社有限公司发行部
地　　址	北京市海淀区中关村南大街 16 号
邮　　编	100081
发行电话	010-62173865
传　　真	010-62173081
网　　址	http://www.cspbooks.com.cn

开　　本	787mm×1092mm　1/16
字　　数	225 千字
印　　张	14.5
版　　次	2021 年 3 月第 1 版
印　　次	2021 年 3 月第 1 次印刷
印　　刷	北京荣泰印刷有限公司
书　　号	ISBN 978-7-5046-8975-7 / TE·29
定　　价	98.00 元

《稠油开发的"中国样本"》编委会

序

强非均质特超稠油开发关键技术及工业化应用成果，破解了稠油特别是特超稠油有效开发这一世界级难题，是新疆油田公司经过几十年攻关取得的重大科技成果，是克拉玛依石油人为我国乃至世界石油开发事业做出的重大贡献。克拉玛依油田在60多年的奋斗历程中，为我国的石油工业和社会主义建设做出过一系列的重大贡献。稠油开发"中国样本"的创造，再一次彰显了克拉玛依石油人的奉献精神，并证明了克拉玛依石油人的自主创新能力。

准噶尔盆地西北缘蕴藏着极为丰富的稠油资源，但因其非均质性强、油特别稠、埋藏浅，油层压力低、温度低，使其有效开发的难度成倍增加。曾先后被加拿大石油公司、法国道达尔公司、美国雪佛龙石油公司等世界著名石油公司判定为不可能实现的有效开发。

在这种情况下，克拉玛依石油人依然不抛弃、不放弃、不畏难、不退缩，坚持自主创新，经过几十年不懈努力、刻苦攻关，攻克了一系列重大技术难题，创新建立了"陆相强非均质多渗流屏障超稠油注蒸汽重力泄油技术""陆相强非均质特稠油多相协同注蒸汽大幅度提高采收率技术"，发明"陆相强非均质薄层特稠油蒸汽吞吐废弃油藏高温火驱技术"，并将这些关键技术优化集成形成了具有世界领先水平的适用于"浅层、低温、陆相强非均质、特超稠油有效开发的理论与系列配套技术",实现了准噶尔盆地西北缘强非均质特超稠油的工业化有效开发,把国内外曾认为的不可能变成了可能。对于这种精神和能力,作为石油科技战线的同行,我表示由衷的敬佩。

新疆油田公司经过几十年持续攻关,取得的重大科技成果,对于稠油资源极为丰富的新疆油田公司和克拉玛依而言,意味着巨大的资源优势可以成功地转化为巨大的产能优势和经济优势,为新疆油田长期稳定发展提供了必要的技术支持。对于我国丰富的稠油资源的有效开发有着巨大的推动作用,为确保我国石油供应安全具有重要意义,并有力地促进了世界稠油开发技术的发展。准噶尔盆地西北缘的稠油属于优质环烷基稠油,是极重要的国防战略资源,堪称"石油中的稀土"。这种稠油炼制的特种油品,对于保证我国航空航天等国防事业的发展具有不可替代的作用。

我们国家正朝着实现中华民族伟大复兴的中国梦和"两个一百年"奋斗目标阔步迈进的关键时期,为实现中华民族伟大复兴我国正在着力构建"以国内大循环为主体、国际国内双循环相互促进的新发展格局"。为此,党中央明确要求"坚持创新在我国现代化建设全局中的核心地位,把科技自立自强作为国家发展的战略支撑"。在未来相当长一个时期,无论是作为能源还是作为原料,石油仍将在全世界的发展中继续扮演不可或缺的重要角色。在当今复杂多变的国际形势下,要给国民经济和社会发展提供必要的能源保证,就必须尽最大努力减少油气供应对国外的依赖程度。我国油气资源丰富,但随着更多低品质油气资源(例如重质、高黏稠油油藏和高含硫油气藏、低压低渗油气藏等)成为重点开发对象,对技术创新的要求越来越高。为尽量减少原油对外依存度，就必须坚决贯彻党中央"坚持创新在我国现代化建设全局中的核心地位，把科技自立自强作为国家发展的战略支撑"的精神，坚持自主创新和原始创新，艰苦奋斗、攻坚克难、坚持不懈地进行科技攻关，形成一系列能解决油田开发重大技术难题，具有中国特色、达到世界领先水平的有效技术，以确保我国油气供应安全。新疆油田公司适用于浅层、低温、陆相强非均质、特超稠油有效开发的理论与系列配套技术的成果体现了这种精神，也是这种创新、创业精神的生动范例，令人佩服、值得推广。

《稠油开发的"中国样本"》全面、系统、具体、生动地描述了克拉玛依石油人攻克稠油开发技术难关的艰苦历程，通过这种纪实类新闻著作的形式挖掘坚持自主创新艰苦创业背后的故事和精神，深入剖析和展示了攻克稠油开发技术难关的各种价值与意义。这是一本内容丰富、特色鲜明、使人震撼、给人激励、催人奋进的好书。

中国工程院院士 罗平亚

2021 年 2 月 10 日

目 录／CONTENTS

第一篇

披荆斩棘 浴火辉煌

——克拉玛依油田稠油开发历程综述

▲ 一座座数十米高的蓝色 "钢铁战士" 矗立在世界魔鬼城的边缘，这些 "钢铁战士" 就是开采超稠油的采油机。（戴旭虎 摄）

乌尔禾是新疆克拉玛依市下辖的一个区。乌尔禾境内有 "中国最美雅丹" 之称的雅丹地貌。

从乌尔禾城区往东北走，眼前除了间或出现的雅丹地貌，几乎是一片寸草不生的戈壁滩。但再往前走，撼人心魄的画面便出现在眼前：一座座数十米高的蓝色 "钢铁战士" 巍然矗立在茫茫天地间，显得十分奇幻。这些 "钢铁战士" 就是开采超稠油的专用抽油机。地面上，蜿蜒曲折、纵横交错的银色管道像一条条巨龙在这些抽油机之间游走。

这片土地因为有奇特的雅丹地貌，被称为 "世界魔鬼城"，然而因为常年刮风，又被称为 "风城"。

不刮风的时候，这里无比宁静。

宁静的地表下，却是一片热闹非凡的景象——地下几百米处几乎呈固态的超稠油正日夜不停地经受着高达两百多摄氏度的过热蒸汽的 "煎熬"，然后融化成可以流动的液体，被抽到地面管道，源源不断地为我国贡献着世界上极其珍贵的资源，这就是优质的环烷基稠油。

这片稠油开采区域，就是风城油田。

环烷基稠油有石油中的"稀土"之美誉，是炼制国家紧缺的高端特种油品的主要原料。

稠油，又叫重油，是一种密度大于每立方厘米 0.943 克、在未开采出地面时的地下黏度大于 50 厘泊（1 厘泊 =1×10^{-3} 帕·秒，下同）的原油。黏度大于 50 厘泊小于 1 万厘泊的叫普通稠油，黏度在 1 万 ~ 5 万厘泊的叫特稠油，黏度大于 5 万厘泊的叫超稠油。黏度 5 万厘泊是什么意思呢？常温下，水的黏度是 0.5 厘泊，蜂蜜的黏度是 1 万厘泊。

◀ 克拉玛依石化公司是我国最大的优质环烷基稠油生产基地。它生产的航空煤油等产品为国家能源安全、国家重大工程做出了巨大贡献。（闵勇 摄）

◀ 技术人员在风城油田作业区二氧化碳注入稠油试验现场研讨方案。（风城油田作业区供图）

在 20 世纪 90 年代至 21 世纪初，由于油藏条件和物性极差等原因，这片油区的商业开发被视为世界级难题，曾被加拿大石油公司、法国道达尔公司、美国雪佛龙石油公司这三大国际石油公司"判过死刑"。

在广袤的准噶尔盆地西北缘，还有很多区域蕴藏着难以开采的稠油、超稠油资源，储量高达 12 亿吨，但风城油田只是其中的一个油区。

克拉玛依石油人对稠油的试验性开发始于六七十年前的 20 世纪 50 年代末，20 世纪八九十年代也有过对普通稠油的成功开发。

20 世纪 90 年代后期，克拉玛依油田开始面临着两难境地，一是易采的普通稠油资源日益枯竭，二是国家经济高速发展对优质环烷基稠油需求量急

▼ 风城油田作业区的石油工人在严寒中奔赴井场。（杨丽敏 摄）

剧增加。高黏稠油能否被经济地开采出来，成为当时决定克拉玛依油田能否可持续发展的关键。

面对国内开采技术的落后、国外技术的壁垒和水土不服等不利局面，为了攻克稠油开发的难关，从 1996 年起，1600 余名不愿服输的克拉玛依石油人，依托国家、中石油集团公司的相关科研项目，踏上了一条充满荆棘、曲折艰难、艰苦卓绝的科研"长征"路。

2019 年 6 月 9 日，新疆油田公司宣布，通过二十多年的持续攻关，成功突破了核心技术瓶颈，自主研发形成了领先世界的强非均质特超稠油开发关键技术，并成功实现工业化应用，累计产油超 1 亿吨，建成了我国最大的优质环烷基稠油生产基地，为国家能源安全、国家重大工程建设、新疆和克拉玛依地区社会稳定、长治久安和经济发展做出了巨大贡献。

在准噶尔盆地这片莽莽荒原，克拉玛依石油人创造了一个又一个惊天动地的奇迹。他们成功地开发出了中华人民共和国成立以来的第一个大油田，成功地探明了玛湖和吉木萨尔两个十亿吨级大油区，强非均质特超稠油开发关键技术的研发成功是克拉玛依石油人在准噶尔盆地的莽莽荒漠创造的又一奇迹！

这个突破，为世界稠油开发贡献了"中国智慧"和"中国力量"。

一、蒸汽吞吐：打开大门

20 世纪 50 年代初，中苏石油公司在准噶尔盆地西北缘进行浅井钻探的过程中，就在黑油山、乌尔禾等地频繁地发现了稠油：露出地面的稠油有的像糖稀，有的则像沥青。1960 年，新疆石油管理局科研人员通过模拟试验，开始认识通过向地下注入蒸汽开采稠油的原理。1965 年，新疆石油管理局克拉玛依矿务局生产技术处处长张毅带着研究人员在现在的黑油山附近开辟了全国第一个稠油开发试验井组，对黑油山附近的浅井首次进行了单井蒸汽吞吐试验。

蒸汽吞吐是采用注蒸汽方式开采稠油的一种方法，又称循环注入蒸汽方法。其具体做法是：把水加热成蒸汽，通过注汽锅炉周期性地向油井中注入

▶ 石油技术专家正在对稠油区块的滚动勘探、开发技术进行攻关。（风城油田作业区供图）

一定量的蒸汽，然后关井焖一段时间，等到蒸汽热能向油层扩散，把稠油加热融化，增强它的流动性，再开井将原油采出的一种稠油生产方法。

此后，蒸汽吞吐试验又有了进一步发展。但限于当时的技术条件和经济情况，稠油开采一直没有得到大的突破。

1979 年以来，伴随着改革开放的春风，科研人员对注采工艺进行了一系列改进。但苦于当时没有与实施这项技术相匹配的注汽锅炉，锅炉注汽压力、汽量和蒸汽干度，这大大制约了注蒸汽采油工艺的发展。这种状况一直持续到 1983 年。

此后，以新疆石油管理局油田工艺研究所副所长兼主任工程师彭顺龙为代表的科研人员接过了这副重担。

"我们过去搞了十多年稠油开采技术研究，但没有重大突破。如果我们这些人在未来 10 ~ 15 年再搞不出来，就愧对党的培养，愧对子孙后代。"接下任务的彭顺龙同时也发出了铮铮誓言。

▲ 老一辈石油工人在重油公司稠油区块奋战。（重油公司供图）

就这样，在彭顺龙等一大批科研人员夜以继日的持续攻关下，蒸汽吞吐开发技术难题不断被攻克。

为加大稠油开发力度，1986年11月24日，新疆石油管理局稠油开发公司成立，1988年更名为重油开发公司，这表明中国稠油开发技术逐渐走向成熟，稠油注采技术从探索阶段迈入了实施阶段。

1989年，克拉玛依油田稠油产量已达107.5万吨，重油开发公司也成为我国西部最大的稠油生产基地、克拉玛依油田第三个百万吨采油厂。这也让克拉玛依油田的稠油开发迈入新阶段，但看似辉煌的成就下却潜藏着危机。

在可采收储量难以大幅增长的情况下，随着稠油黏度系数的增加，产量递减速度很快。1989年，重油开发公司产量虽然突破了百万吨大关，但日产原油已从三千余吨大幅降至两千余吨。

科研人员当时预测，如果不立即采取新的有力措施，重油开发公司的稠油产量将快速递减，曾经预测的可有效开发10年的生命期很有可能达不到。

▲ 风城作业区二号稠油联合处理站二期工程建设施工时的场景。（风城油田作业区供图）

由蒸汽吞吐为主要开发方式转为以蒸汽驱为主要开发方式，成为当时新疆石油管理局很多科研人员的主张。但由于蒸汽驱的 4 个先导试验井组效果有好有差，对蒸汽驱持反对意见的人也不少。

蒸汽驱是采用井组的方式，由注入井连续不断地往油层中注入蒸汽，蒸汽不断地加热油层，将原油驱赶到生产井口周围，并被采到地面上来，注汽井连续注汽，生产井则连续采出原油。

根据国际已有的理论和技术，对于黏度在 1 万厘泊以下的稠油，一般先采用注蒸汽吞吐开采，待开发到第三轮或第四轮的时候，随着采收率的降低和原油黏度的不断增大，转入蒸汽驱开发效果最好，可以把采收率从最高 20％提高到 40％。

◀ 在风城油田作业区小井距蒸汽驱施工现场，石油工人正在奋战。（风城油田作业区供图）

◀ 风城油田作业区二氧化碳吞吐措施作业现场。（风城油田作业区供图）

在很长一段时间里，要不要把"吞吐"转为"汽驱"，当时的新疆石油管理局上至主要领导下至普通员工对这一问题难以达成共识，甚至还产生了截然相反的两个学术观点。双方讨论起来总是针锋相对，甚至为研究这一科研问题吵得脸红脖子粗。

经过一两年的争论和实践，随着蒸汽驱先导试验成果的不断显现，主管开发的新疆石油管理局副局长赵立春等同志，终于决定用蒸汽驱开发。

1991年9月，中国石油天然气总公司在克拉玛依召开稠油开发工作会议后，克拉玛依九区浅层稠油随即转入大面积蒸汽驱开发。

▲ 通过不断地试验，风城油田稠油的油藏条件、物性、黏度及开发技术逐渐清晰起来，稠油的开采已是如火如荼。（闵勇 摄）

◀ 石油工人在重油公司采油作业二区巡检。（闵勇 摄）

二、复合汽驱：攻克难关

20世纪90年代初的蒸汽驱技术，主要应用在克拉玛依油田一些条件较好的稠油油藏，在最初几年，的确大大盘活了稠油资源，为稠油的可持续开发做出了重大贡献。但是，大面积转入汽驱后，仍有一部分油井增产效果不尽如人意。

重油公司副经理兼总地质师陈荣灿想了许久找不到原因。突然有一天，一个问题强烈地跳了出来，并不断萦绕在他的脑海中："蒸汽驱采油发挥得不如人意，是不是与井距有关？井距如果过大，蒸汽波及不到，当然就会影响增产效果。"这个发现顿时启发了陈荣灿，于是他一头扎进资料堆里，果真发现了线索，随后立即向领导申请到国外有关油田进行考察。

1995年，重油公司派人到国外油田实地考察发现，国外油田蒸汽驱两井间的有效半径仅有30～40米，而九1～九6区的井距是100～140米。

考察回来后，陈荣灿提出：在蒸汽驱试验成功的基础上进一步加密井网。

九1～九6区打加密井的方案很快获得批准。在1998—1999年，该区加密井投产达到高峰，两年中分别投产加密井577口和636口，新增可采储量775万吨，建成产能76.5万吨，彻底改变了蒸汽驱采油效果好坏不均的状况。1999 年，占总数不到 1/3 的汽驱井完成原油产量 92.8 万吨，接近当年重油公司原油总产量的一半。

1998 年，重油公司原油产量由上年的 144.3 万吨提高到 156.2 万吨，1999 年又上升到了 192 万吨，使其一举成为新疆石油管理局首屈一指的产油大户。

但这并不是一个一劳永逸的方法。

蒸汽驱能够经济地开采出来的油仍然只是油藏中的一部分，剩下更多的储量是低品位高黏稠油。这些油藏储层非均质性很强，物性很差，阻碍蒸汽波及和蒸汽腔发育的隔夹层很多，汽窜严重，大量蒸汽无效循环，在储层中的波及体积不足 50%，严重影响了开采效率，采收率不足 30%。

通俗地说，就是油藏储层里面的杂质多，有许多阻挡蒸汽向四周扩散加热油层的障碍物，并且大量类似于花盆里发生渗漏的大通道，使蒸汽通过这些通道时迅速逃逸，不能作用于油层。

怎么解决这些问题呢？

结合过去的研究成果，针对进入开发中后期暴露出的汽窜问题，为进一步探索蒸汽驱中后期提高采收率的对策，重油公司的霍进、黄伟强、郑爱萍等专家，带领他们的科研团队和其他单位的科研团队展开了联合攻关试验。

他们对克拉玛依油田九区开发了近 30 年的老油藏进行取芯再认识，发现在油层上部存在继承性窜流通道，而在韵律层有遮挡的部位，还有可观的剩余油，这就更坚定了大家的信心。如何再进一步把这些宝贵的资源拿出来？他们把目标聚焦到多介质复合蒸汽驱技术，开展多介质复合蒸汽驱机理研究，并开展蒸汽驱氮气泡沫驱、二氧化碳复合驱、碳酰胺复合驱等多项重点试验项目。

对每个正在开展的重大试验项目，科研人员结合地质资料和方案要求，对继承性窜流通道封堵，完成试验区封堵层位及射孔井段的优化，明确试验区监测资料录取方案，及时跟踪、分析、评价生产效果及所存在的问题，相关科室、作业区沟通协作，对试验区井组实施"特护"管理，开展油井查套找漏、井口改造、套损井大修、地面设备设施建设等工作，保证井况良好。

经过多年探索和完善，新疆油田公司相继揭示"增能补压、颗粒封堵、乳化驱替"的气 / 液 / 固协同提高采收率机理，发明了低成本高温深部"调、驱"系列产品，建立强非均质稠油注蒸汽逐级调堵方法，创新多相协同扩大蒸汽波及体积技术，形成了特稠油多相协同注蒸汽全生命周期开发模式，有效解决了低压油藏增能保压和强非均质储层抑制蒸汽窜流两大难题，工业化应用采收率突破65%，比国内外同类油藏高出20%。

三、SAGD 技术：开发革命

位于白杨河大峡谷下游的乌尔禾，是东归的蒙古族土尔扈特人一部分后裔的居住之地。离这些牧民的毡房不太远，有一个被他们叫作"黑山"的地方。为什么叫作"黑山"呢？因为这里的沙石拥有发亮的黑色，在沙石表面浸润着黏稠的、油乎乎的东西。20世纪50年代，石油地质勘探队员在这里发现了稠油，牧民才知道，这些东西是油砂和天然沥青，是地下的石油冒出地面后与其他物质掺杂形成的。

1958年9月10日，国家副主席朱德来到克拉玛依视察，得知乌尔禾地

▲ SAGD 技术的不断革新和进步，推动了风城作油田作业区等克拉玛依油田各稠油、超稠油区块勘探规模开发的步伐。（戴旭虎 摄）

区的发现成果后，他注视着准噶尔盆地西北缘勘探图纸，问道："这个乌尔禾离这里（克拉玛依）有多远？"

"一百多千米。"当时的新疆石油管理局副局长秦峰回答说："据中苏学者论断，乌尔禾以东地区是最好的探区，原油构造、含油情况都可能是很好的……"

1958—1966 年，新疆石油管理局在乌尔禾总共钻了 23 口 2000 米以上的深探井，试油 35 层，见油流的井就有 8 口。但只有乌 5 井、132 井和 249 井三口井在克下组获得了低产工业性油流。出现这种状况，其原因在于当时人们对乌尔禾地区的油藏并没有认识清楚。尤其是其中的稠油资源，受技术限制一直没能动用。

从 20 世纪 90 年代初到 2005 年，新疆石油管理局多次组织科研人员对这里的超稠油资源进行小范围开发试验均以失败告终。在 15 年的时间里，新疆石油管理局还三次邀请国际三大石油公司加拿大石油公司、法国道达尔公司、美国雪佛龙石油公司前来谈合作开发，但均被对方判"死刑"，他们认定这里是开发的"禁区"。

2006 年，由于克拉玛依油田稀油发现储量很有限，180 万吨产能建设计划尚有 30 万吨缺口，虽然当年在风城油田重 32 井区黏度最低的、认定可以开发的区域部署了 30 万吨产能建设，但 2007 年采用蒸汽吞吐或蒸汽驱进行投产后，却发现根本无法经济动用。如果没有新的产量及时补充进来，克拉玛依油田就很难继续保持 2002 年就已达到的 1000 万吨年产量。

风城超稠油资源的动用，势在必行！

2007 年，面对严峻的生产形势，代表着当时世界超稠油开采最新技术的 SAGD 正式进入新疆油田公司科研人员的视野。

SAGD 是"蒸汽辅助重力泄油技术"的英文简称，是一种将蒸汽从位于油藏底部附近的水平生产井上方的一口直井或一口水平井注入油藏，被加热的原油和蒸汽冷凝液利用重力作用，流向底部的水平井，然后从油藏底部的水平井被采出的采油方法。

当时世界上的双水平井 SAGD 技术仅适应于海相均质油藏，陆相强非均质油藏并无工业化开发先例可循，而克拉玛依油田的稠油油藏是陆相强非均质油藏。国内的辽河油田已在进行中深层超稠油直平组合SAGD开发，但这种开采方式的启动时间长达8年、油层厚度下限40米，也不适用于克拉玛依。

2007年年底，新疆油田公司勘探开发研究院开发所副所长孙新革在没有任何经验的情况下，通过苦苦摸索，历时半年时间，终于主持编写完成《风城超稠油SAGD开发先导试验方案》，并于2008年5月通过中石油股份公司评审。随后，新疆油田公司首座SAGD先导试验井区在风城油田重32井区启动建设，2009年1月7日正式投产，总共部署4个井组。

为确保项目顺利进行，新疆油田公司还成立了SAGD先导试验项目部，由开发公司第三项目部、勘探开发研究院、采油工艺研究院为成员单位，宋

◀ 技术人员不断改进风城油田作业区的地表窜汽治理技术。（风城油田作业区供图）

◀ 石油工人在流化床中控室监控注汽锅炉的生产运行情况。（风城油田作业区供图）

渝新任经理、张建华任副经理、孙新革任副经理兼总地质师、王泽稼任副经理兼总工程师。承担现场试验重任的风城油田作业区为项目保驾护航，成立了以经理马国安为组长、副经理樊玉新为副组长的SAGD试验项目领导小组。

在投产后的一年多时间里，宋渝新、张建华、孙新革、王泽稼、樊玉新等同志几乎一直住在现场，随时监测各项数据、参数并指挥调控。

2009年5月，重32井区SAGD试验区第一口生产井历经波折，终于产出了油。

通过这个试验，风城油田超稠油的油藏条件、物性、黏度，开采理念、方法、配套工艺技术、现场操作方法、实施流程等问题，逐渐清晰起来。

在重32井区SAGD先导试验取得一定成果的基础上，2009年8月，油田公司又在重37井区启动第二个更有代表性的先导试验。这次试验的方案更成熟，工艺更加合理，流程也更加简单，同时实现了关键设施、设备从依靠外援到自主研发。

2009年12月24日，重37井区SAGD先导试验举行了投产仪式。重37井区先导试验区部署7对半水平井井组，24口观察井、2口直井。

随着试验的不断推进，这两个项目在取得一系列成果的基础上，也陷入

▲ 风城油田作业区200万吨原油处理站改扩建工程推动了稠油开发建设步伐。（风城油田作业区供图）

了瓶颈，一些悬而未决的问题一直得不到解决。

2011年3月，风城油田作业区新一任经理霍进到任。面对几乎快进行不下去的SAGD先导试验项目，他通过调研了解情况，并向全体员工公布："SAGD项目一定能够成功。"他的信念坚定了大家继续干下去的决心和信心。

随后，在霍进的主持下，风城油田作业区在油田公司的大力支持下，对SAGD先导试验进行了大刀阔斧的改革，先后成立SAGD重大开发试验领导小组、SAGD重大开发试验站，通过协调将归属采油一厂的供汽站、重油公司二区划归风城油田，研究制定了SAGD开发操作手册，推动自喷井转抽，到辽河油田深入学习SAGD技术……一系列庞杂艰巨的工作紧张而又高效地进行着，风城油田的日产量也开始逐渐上升。

▲ 石油工人在风城油田作业区重18井区冒雪作业。（风城作业区供图）

2011年11月，桑林翔等科研人员通过大半年的艰苦探索，成功找到了SAGD井下汽液界面控制的方法与原理，阻碍产量的关键问题随之得以破解。

2011年12月20日，随着新调控方法的推行，风城油田日产油量大幅提高，两个SAGD先导试验区日产油突破280吨大关，这是项目组最初提出的产量目标。

在这个过程中，霍进通过研究总结，提出了5点创新性理论认识：一是原油黏度不再是影响SAGD开发的主要因素；二是油层内部发育的不连续隔夹层对蒸汽腔的最终形成影响不大；三是SAGD能否成功动态调控是核心；四是持续增汽提液扩腔的思路是正确的；五是SAGD采出液温度高达180℃是必然结果。

而长期以来，SAGD的传统理论认为，原油黏度是影响SAGD开发的主要因素，油层内部发育的不连续隔夹层对蒸汽腔的最终形成影响很大，SAGD 能否成功不存在动态调控一说，持续增汽提液扩腔的思路是错误的，SAGD 采出液温度高达 180℃ 是异常现象。

显然，霍进提出的 5 点认识突破了 SAGD 的传统理论，解决了外界对风城 SAGD 先导试验长久以来的疑惑，也坚定了中石油集团公司对风城超稠油开发的信心和决心。从此，风城油田掀开了超稠油开发的崭新篇章。

2012 年，SAGD 技术在风城超稠油油区大面积铺开，部署了四十多口井，生产效果良好。2012 年 6 月 28 日，重 32、重 37 井区 SAGD 井日产水平达到 325 吨。当日，霍进首次全面系统总结了 SAGD 先导试验形成的 8 大技术，即"双水平井设计""双水平井钻、完井""高压过热蒸汽锅炉应用""机采系统优化""循环预热与生产阶段注采井管柱设计""水平井与观察井温压监测""高温产出液集输处理""动态调控"。

2012 年 7 月 18 日，风城油田一片欢腾，新疆油田公司总经理陈新发正式宣布：SAGD 试验的阶段性突破，使风城稠油处于工业化开采状态，把几代石油人的愿望变成了现实。

此后，经过不断改进，双水平井 SAGD 的理论方法、井网布局、预热启动、汽液界面控制、高温带压保护作业等技术日臻完善，各项指标均优于国际先进水平，在风城油田实现了大规模商业推广应用，目前已建成 100 万吨产能，彻底盘活了新疆 6 亿吨的超稠油资源，预计 2025 年风城油田产能将达到 200 万吨以上。

新疆油田公司所形成的强非均质超稠油双水平井 SAGD 技术，打破了同类油藏 SAGD 技术开发的禁区，变不可能为现实。

目前，新疆油田公司的 SAGD 技术已走出风城油田，走向国际，通过技术服务、技术咨询的方式在加拿大、委内瑞拉等国的油田进行了推广应用。

四、火烧地层：渐入佳境

作为一种珍贵的资源，克拉玛依的环烷基稠油资源是有限的。能最大限度地把这些资源都开采出来，一直都是石油人的心愿。

但是,一些稠油油藏经过多轮次深度开发后,进入高含水、物性差的阶段,产量递减,效益变差,采用蒸汽吞吐开采已经很不划算,也无法转为蒸汽驱和SAGD技术生产。然而,这些油藏平均采出程度一般只有20%左右,最多只有25%。

这意味着油藏还有75%乃至80%以上的稠油还深埋在地底!如果不开采出来,实在太可惜。

在遍寻"药方"的过程中,"火驱"二字的出现,在科研人员心头燃起了希望的火苗。

火驱,也是一种开发稠油的方式。可以说火驱就是火烧油层,也就是向油层注入空气,通过点火让油层燃烧,利用燃烧产生的热量加热油层,使原油裂解、降黏、流动,然后把变软变稀了的稠油抽出来,从而实现开发。运用这种工艺,地层中的稠油可以最大限度被"吃干榨净",是迄今为止能耗最小、温室气体排放最少、开发效果最好的一项稠油开采工艺。利用这种方式开采稠油,具有热效率高、采收率高、节能减排等优势,采收率最高可达70% ~ 80%。

这项技术起源于20世纪二三十年代。火驱技术虽然采收率高,但要使原油在地下燃烧,过程十分复杂,实施、控制、监测起来非常困难。欧美国家开展的火驱试验,多在原始的物性很好的油藏里进行。

◀ 红山油田公司采油工在稠油区块巡井。(闵勇 摄)

而新疆油田公司想要运用火驱技术解决的，是注蒸汽开采后的稠油尾矿。这种稠油尾矿，经过了多轮次的蒸汽吞吐，由蒸汽冷凝形成了大量的地下水，即所谓次生水体，并且形成了错综复杂的汽窜通道。

在尾矿进行火驱开发，其难度显然要远远大于在原始油藏进行。

其实，从20世纪50年代末开始，以张毅、彭顺龙为代表的克拉玛依油田老一辈专家早已组织开展过火驱试验。他们克服重重困难，用最原始的技术不断摸索，已经取得了一定成果。但由于各种原因，克拉玛依火烧油层试验在20世纪70年代中断了。

进入"十二五"以来，随着燃料价格的逐年攀升，成本压力增大，注蒸汽开采稠油的开采方式也越来越跨不过经济效益这道坎。稠油老区转换开发方式已迫在眉睫，稠油的开发技术也需要不断突破和创新。

这时，人们又开始把目光转向了被闲置已久的"火驱"。

新疆油田公司总经理陈新发认为，这是突破原有稠油开采方式的一个重大机会，也是克拉玛依油田稳产的重大契机。他召集稠油领域的专家和骨干，决定在克拉玛依油田再搞一次试验。

2008年11月，新疆油田公司启动了"红浅1井区火驱先导试验"，并在2009年初被中石油股份公司批准立项为"股份公司火驱重大试验项目"。

位于克拉玛依市区南部方向约15千米的红浅1井区八道湾组砾砂岩油藏历经蒸汽吞吐和蒸汽驱开采后，因为没有经济效益，在1997年被废弃，其采出程度仅达到28.9%。

然而，在废弃的油藏上搞火驱试验，在世界范围内都没有先例。

该项目的工程技术负责人、新疆油田公司副总工程师张学鲁将方案编制的重任交给了石油工程技术专业科研单位——工程技术研究院。工程技术研究院领导经过研究，决定让副院长潘竟军具体负责这项工作。

"由于时间久远，能够找到的可供参考的资料几乎没有，而且国内外相关文献又少得可怜。"潘竟军说。

一切得从零起步，没有资料，那就搜集资料；时间紧迫，那就加班加点。接到任务后，潘竟军带领一众得力干将——陈龙、蔡罡、余杰、陈莉娟等开始了攻坚战。

◀ 老一辈石油技术专家正在分析研究重油公司稠油区块地层的岩心。（重油公司供图）

　　由于火驱开采技术的复杂性和特殊性，需要结合地质油藏、采油工程、地面工程、安全环保等多学科开展联合攻关，这就要求方案编制人员了解各项专业技术。

　　谁都不是天生的多面手，为了将方案编制得比较科学合理，项目组成员一边工作，一边学习，一边调研。

　　为了使方案既论证充分又结合实际，具备较强的可操作性，项目组成员之间要反复交流，密切配合，高度衔接。陈莉娟编写出一部分后，先给蔡罡看，蔡罡看完陈龙再看，陈龙看完潘竟军再审……就这样一环扣一环，确保了方案编写科学合理。

　　在长达半年的时间里，他们夜以继日地搜集查阅了世界范围内四十多个国家的火驱项目资料，借鉴了其中三百多个区块不同油藏特性的火驱实践经验，并深入分析了国内前期开展的火驱试验的经验、教训，重点针对红浅这类浅层稠油油藏展开了一系列的技术攻关研究。经过 12 个版本的修改完善，第一个火驱方案终于出炉了。

当然，方案只是一张"施工图纸"，要真正实现"滚滚油流火中取"，最核心的是要有比较成熟的火驱注气点火工艺，才能让这把火在500米甚至更深的"地宫"成功烧起来。

经过近一年的潜心研发，2009年秋，第一台电点火器诞生了！这是一个长12米、适用于7英寸套管的电点火器。经过十多次室内检测和试验后，2009年11月底，点火器开始进入试验现场。

在滴水成冰的冬天，火驱先导试验却进行得热火朝天。12月1日，火驱项目注气站投产试运行；12月7日，红山嘴油田红浅1井区008井启动点火程序；12月9日，红山嘴油田红浅1井区010井启动点火程序。

2009年12月19日，新疆油田公司举行红浅1井区火驱先导试验项目投产仪式。

"出油了，出油了！"两个月后的2010年2月25日，红山嘴油田红浅1井区火驱先导试验生产井2057A现场一片欢腾，火驱生产井第一口井出油了！同年6月5日，火驱先导试验区012井启动注气点火程序，6月25日点火成功。

至此，新疆油田公司红浅1井区火驱先导试验项目首批3口注气点火井全部完成点火工作。2011年7月21日，根据方案，红浅二期工程实施的4口井也顺利点火。

此后，围绕高效点火、生产过程监测、高气液比举升、安全井下作业等，新疆油田公司又相继组织开展了攻关，创新性地建立了火烧区带电阻率变化模型，攻克了火驱爆炸风险评价、井筒防腐、安全压井等关键技术，解决了高含水低含油储层火驱开发问题。红浅火驱生产运行十年来，实施了13个井组点火，成功率100%，点火时间由原来的15天缩短至3天，累计产油15万吨，将采收率提高了35个百分点，可以延长商业开发周期15年。一座废弃多年的油藏就这样"浴火重生"！

目前，火驱技术在克拉玛依油田可推广覆盖储量1.3亿吨，新增可采储量4680万吨。2018年，红浅火驱工业化项目投入现场实施，建成了"千井火驱三十万吨"生产规模。这对保障克拉玛依油田稠油老区持续稳产和可持续发展

▲ 依靠炼制稠油生产的各种高端特色产品，打破了国外对众多高端油品的垄断和禁运局面，彻底改变了 20 世纪国内 80% 的优质环烷基稠油依靠进口且开采技术受制于人的局面，有力地支撑了我国经济和国防建设。（戴旭虎 摄）

具有重大意义，那些注蒸汽开采后濒临废弃或已经废弃的油藏，即将迎来新生。

更为重要的是，新疆油田公司历时 10 年攻关形成的满足稠油火驱生产需求、具有自主知识产权的配套火驱开采技术，破解了稠油尾矿绿色高效开发再利用的世界级难题，可进行规模化推广应用，将为国内乃至国外同类油藏进一步提高采收率做出贡献。

五、水热利用：经济环保

2009 年，一些 SAGD 试验井相继进入生产，而采出液进入风城一号稠油联合站后，却出现了原油脱水困难的问题，给一号稠油联合站油水处理系

统的平稳运行带来巨大困难。

其原因为 SAGD 采出液并不全是石油，而是油、水、泥、砂等多种物质混合形成的高温乳状液。

"具有明显的胶体特征，静止 30 天以后，仍是这个状态，很难用当时的设备进行油水处理。"孙新革说。

不对其进行特殊处理，就无法把油从这种乳状液中分离出来。

伴随这个问题而来的是"SAGD 采出液高温密闭脱水试验"，它是 2009 年中石油重大项目"风城超稠油开发地面工程配套技术研究"的 6 个课题之一。

项目落在了 CPE 新疆设计院油田工艺设计所工程师蒋旭身上。当时有人这样调侃道："你要是能拿下这个项目，可算是为国争光呀！"初出茅庐的蒋旭清楚这句话的分量，其原因不外乎两点——一是这项技术当时仅有少数几个国家掌握，国内还没有成功案例；二是掌握此项技术的几个国家，对技术中的脱水工艺、核心设备及药剂配方，实施了技术封锁。

蒋旭和他的团队开始展开技术攻关，组织对主要脱水设备进行自主研发、自主生产。3个月的项目立项，3个半月的SAGD高温采出液物性分析，3个月的SAGD高温采出液密闭集输工艺研究，8个月的SAGD高温采出液试验装置研究及现场试验，一年的施工图设计与现场施工……

在经历了无数个艰难的日夜之后，一项项关键技术被攻破，一套套核心设备被设计出来，国内首个超稠油高温密闭处理站在蒋旭和他的同事手中诞生，并产生了近十项创新研究成果。

2012年12月，蒋旭主要负责设计的SAGD采出液高温密闭脱水试验站投产成功，生产出首批含水率在2%以下的合格油品，并超过设计指标。

"处理效率比国内的兄弟油田高了30倍，我们只需要4个小时，而兄弟油田处理同样黏度的稠油则需要120个小时。我们可以把采出液处理到含水量只有0.5%，而兄弟油田处理的油的含水量高达5%，是我们的10倍。两者之间不可同日而语。"孙新革评价说，取得这样领先的效果，是因为"我们的药剂好，方法得当，设备的参数选值合理"。

可是分离出来的污水又成了一个新问题。这些污水含有悬浮物、矿化物、盐等多重物质，成分复杂，不能随意排放。否则，既污染环境，又浪费水资源。

开采稠油需要注入大量蒸汽，蒸汽的产生需要耗费大量的水资源，而克拉玛依水资源又很匮乏。

新疆油田公司巧妙地利用了这两个矛盾，使它们互补，从而解决了问题。其奥妙就藏身于"过热锅炉"中。

衡量湿饱和蒸汽中纯蒸汽含量的指标被称之为"干度"，干度越高，纯蒸汽含量越大，对稠油降黏的效果越好。

2008年以前，国内稠油油田普遍使用的普通注汽锅炉生产的蒸汽干度为80%，这种蒸汽到达井底时干度往往已降至60%以下，但超稠油开采的井底蒸汽最低干度须达 65% 以上。因此，从 2009 年起，新疆油田公司着手在锅炉"过热度"上下功夫，研发能生产更高干度的锅炉。

"过热度"是指蒸汽干度达 100% 后继续加热超过饱和温度的温度值。

经过 3 年多的投用试验，2012 年开始，分段蒸发式过热锅炉在风城油田进行规模化应用，不但使黏度超高的超稠油油藏得到有效动用，还使风城油田的采出程度提高 5%，平均单井产量提高 15%。

风城油田规模化应用并逐步完善了过热锅炉 4 项核心技术，这在全国油田中都处于领先地位。这 4 项关键核心技术是指过热锅炉的高效汽水分离器、过热段、喷水减温器，以及高效大功率燃烧器。

得益于这 4 项核心技术，风城油田过热锅炉的过程控制更为精确。同时，还获得了一个重要突破——100% 回收利用 85～120℃ 高温净化污水。

2011 年 5 月，风城油田作业区首创在过热锅炉上进行稠油高温净化污水回用试验，将原定清水与净化污水掺混回用到注汽锅炉改为过热注汽锅炉 100% 回用高温净化污水。3 个多月后，国内首台过热注汽锅炉成功实现 100% 回用高温净化污水。

同年 9 月，风城油田作业区又在另外 11 台过热注汽锅炉上大规模推广 75～85℃ 净化污水作为锅炉给水应用。当年，风城率先在全国实现了 12 台过热注汽锅炉 100% 回用高温净化污水。

2013 年 6 月，风城油田作业区更是通过设备升级、工艺改造实现了 85～120℃ 高温净化水 100% 回用锅炉的创举。

截至目前，新疆油田公司发明的世界首创的分段蒸发式过热锅炉，给水矿化度限值由国际标准的 5 毫克/升拓宽到了 2000 毫克/升，是国际标准的 400 倍，实现了高温污水直接回用的壮举，水、热资源利用率由传统 75% 提高到 95%，年节能 65 万吨标煤，累计节约淡水 4.2 亿吨，相当于新疆油田公司 5 年用水量总和。目前，该技术已推广至国内的春风油田和加拿大多佛油田。

六、综合效益：利国利民

新疆油田公司稠油开发技术的突破，取得了累累硕果。

新疆油田公司党委书记、总经理霍进说，从产量贡献上来看，克拉玛依的稠油开发贡献了上亿吨的稠油资源。尤其是 2012 年以来，新疆油田公司稠油产量连续稳产在 400 万吨以上，2014 年更是达到了创纪录的 525.8 万吨，年产量占中石油集团公司稠油千万吨和克拉玛依油田老区千万吨的"半壁江山"，对于新疆油田公司连续年产 1000 万吨具有重要的支撑作用。

围绕克拉玛依油田的稠油资源，已经形成了一个勘探－开发－炼化乃至储运、销售等上中下游一体化的庞大产业，惠及了众多企业，解决了 5 万多人的就业，促进了克拉玛依第三产业的蓬勃发展，还为克拉玛依市贡献了数百亿的工业产值和数十亿的财税收入，有力地促进了克拉玛依市社会稳定和经济发展。

统计显示，1996—2018 年，克拉玛依油田共产稠油 8260 万吨，生产总值 1879 亿元，上缴税费 326 亿元，实现利润 617 亿元。2017 年、2018 年两年的净利润 17.82 亿元。

同时，依靠炼制稠油生产的各种高端特色产品，打破了国外对众多高端油品的垄断和禁运局面，彻底改变了 20 世纪国内 80% 的优质环烷基稠油依靠进口且开采技术受制于人的局面，使我国航空煤油、高端润滑油、变压器油、冷冻机油等特种油品的对外依存度大幅下降，迫使这些昂贵的油品进口价格大幅降低，也为我国节约了大量资金，有力地支撑了我国经济和国防建设。

在技术和设备方面，新疆油田公司在稠油开发上已形成 4 大开发技术系列、5 类药剂配方、13 项自主创新产品、105 种新设备；授权国家发明专利 30 件，国家软件著作权 10 项，中石油集团公司技术秘密 20 项；制修订国家标准 2 项、行业标准 8 项；发表核心论文 175 篇，出版专著 10 部。

而在中石油集团公司高级技术专家马德胜看来，拥有这些核心技术和设备，克拉玛依可以说从"石油城市"升级为"技术城市"，在"一带一路"

建设中占领了技术的高地。

目前，新疆油田公司的稠油相关技术已成功应用到春风、吉林等油田，推广到哈萨克斯坦、加拿大、委内瑞拉等国家。

新疆油田公司强非均质特超稠油开发关键技术及工业化应用，必将在克拉玛依未来的发展进程中发挥更加重要的作用。

而这一关键技术及工业化应用长达几十年的研发过程，无疑是一曲披荆斩棘、攻坚克难、百折不挠、浴火辉煌的奋进壮歌，撼人心魄，催人奋发！

高宇飞

相关说明

1. 从1955年10月29日克拉玛依一号井喷射出工业油流开始，克拉玛依油田就以中华人民共和国成立以来第一个大油田的身份名扬全国。后来由于中石油重组，"新疆油田"又成为正式文件中对"克拉玛依油田"的称谓。为了不给读者造成困惑，本文统一采用"克拉玛依油田"这个名称来作为新疆石油管理局、新疆油田公司先后在准噶尔盆地开发的各个油田的总称。

2. 克拉玛依油田的开发主体由于中石油的重组，名称也发生变化，以前主要是"新疆石油管理局"，现在改为"新疆油田公司"。本文中开发主体以所述年代名字为准。

3. 文中涉及人物的职务，所述新闻事实以发生时是为准。

第二篇

稠油，下一片蓝海
——从世界能源格局看未来稠油开发趋势

▲ 克拉玛依红山油田有限责任公司油区生产现场，一排排正在上下起伏的丛式抽油机沐浴在晨曦之中。（侯瑞 摄）

提到石油，可能大家最先联想到的就是开车加油。

其实，石油与人类的关系远不止如此简单。可以说一个人的吃穿住用行都离不开石油。

据有关机构统计，一个现代人一生中大概要"行"掉3838千克石油，大概要"吃"掉551千克石油，大概要"穿"掉290千克石油，大概要"住"掉3790千克石油。从生产到生活，石油和现代社会全人类的活动息息相关。

作为当今世界最重要的战略资源之一，石油不仅是一国的经济命脉，更会对政治、军事、外交等产生重要影响。

国际上相关研究机构对石油行业有着不同的预测，大多认为：随着天然气、可再生能源等清洁能源消费比重不断扩大，石油在主要能源中的地位会不断下降。

　　尤其是经历了 2014 年油价暴跌后，很多人开始对石油行业的前景表示怀疑。

　　当下，可再生能源、清洁能源发展更为迅猛，电动汽车的使用趋势已经不可逆转，对石油行业未来发展持悲观态度的人就更多了。

　　但众多研究机构有一点预测基本一致：在未来 20 年甚至更久，石油作为世界主要能源的地位仍然不可撼动，石油的需求仍然会平稳增长。

　　由于勘探地层的复杂性和技术的局限性，要准确测知全世界存在的石油资源量和最终可采量几乎是不可能的。同时，由于世界石油资源的分布极不均匀，而且远离主要消费区。因此，供需之间的矛盾一直很突出。

　　国内外许多专家预测，随着稀油资源的不断减少和品质不断低劣化、世界人口和经济不断增长、开采技术不断进步，作为占世界已探明石油剩余储量 70% 的稠油，其产量今后将在原油中的比重不断上升。

　　可见，从全球能源格局的现状和未来走势来看，

▲ 科研人员正在对六九区稠油开发进行讨论研究。（重油公司供图）

石油消费在未来相当长一段时间内仍然不会减少，稠油在石油消费中所占比重会持续增加。因此，新疆油田公司在稠油开采技术上的重大突破，对未来全球稠油资源的开发具有十分重大的意义。

基于此，我们至少可以得出这样一个结论：稠油，将是下一片资源蓝海。

一、世界能源进入"四分天下"时代

能源是人类社会赖以生存和发展的重要物质基础，人类文明的每一次重大进步都伴随着能源的重要变革。

事实上，目前世界消费的重要能源——化石能源在全球的储量异常丰富。其中，全球已探明的煤炭地质储量达 1.14 万亿吨，可供开采 150 年以上；石油可供开采 50 年；天然气储量超过石油，可供开采超过 50 年。

在消费量上，统计数据显示，世界能源消费总量保持持续增长。

英国石油公司发布的《世界能源统计年鉴 2019》显示，2018 年全球能源消费量达到 138.65 亿吨油当量，同比增长 2.9%，是 2010 年、2011 年以来增速最快的一年。其中，各种化石能源品类消费均有所增长，煤炭消费增长 1.4%，石油消费增长 1.5%，天然气消费增长 5.3%。

从 2018 年全球消耗能源的占比来看，石油占 33.6%，天然气占 23.9%，煤炭占 27.2%，核能占 4.4%，可再生能源占 10.8%。

▲ 老一辈技术专家和试验人员正在对稠油产品进行分析研究。（克拉玛依石化公司供图）

在很多人的印象里，可再生能源飞速进展，再电气化和发展可再生能源电力是新一轮能源转型的重要特征。

但从《世界能源统计年鉴 2019》披露的数据来看，尽管 2018 年可再生能源电力增速高达 14.5%，与 2017 年创纪录的增长速度接近，但在总发电量增量中，可再生能源电力整体规模仍然偏小，仅占约三分之一，占比基本上与 20 年前持平，其快速增长依然无法弥补市场缺口。

尽管如此，世界能源格局也在发生深刻的调整。

有专家指出，目前正处于油气向新能源的转换期，非常规油气、低碳能源、可再生能源、安全先进核能等一大批新兴能源技术正在改变传统能源格局，世界能源进入石油、煤炭、天然气和新能源"四分天下"的时代，其中煤炭发展进入转型期，石油发展进入稳定期，天然气发展进入鼎盛期，新能源发展则迈入黄金期。

二、石油消费总量未来 20 年将保持稳定

在全球气候变暖恶果日渐显现、气候变暖日益引发关注的当下，要实现《巴黎协定》升温控制目标，遏制碳排放量和全球变暖趋势，世界能源系统必须加速低碳化转型。

◀ 石油工人在重油公司采油作业二区巡检。
（闫勇 摄）

但是，由于世界各国在政治、经济、技术等领域存在各种复杂的利益纠葛和矛盾，世界能源低碳化转型速度在短期内难以实现，再加上世界经济不断增长，客观上导致化石能源消费短期内不太可能大幅下滑。

作为全球最重要的能源资源，从消费结构来看，石油在世界一次能源消费中的占比一直处于非常稳定的水平。一次能源即天然能源，指在自然界现成存在的能源，如煤炭、石油、天然气、水能等。

2018 年，石油占世界一次能源消费总量的三分之一，全年消费量达到 46.58 亿吨，继续稳步增长，同比增长 1.5%，高于过去十年平均水平，这已经是连续第四年增长超过十年平均值（1.2%）。

国际能源咨询公司伍德麦肯兹公司表示，石油需求增长主要集中在三个板块：交通运输、其他化工原料、乙烷。而化工原料是主要的需求增长源，乙烷的增长来自美国、欧洲、印度和中国。

2018 年，乙烷、液态石油、轻油等和化工密切相关的产品需求的增加，驱动了全球一半的石油需求增长，这也意味着石油正从燃料向原料转变。

尽管不同机构的预测存在一定的差别，但大家对未来能源结构变化趋势的观点大体相同：到 2035—2040 年，化石能源在一次能源消费中的比重显著降低，由当前的 85% 降低到 75% 左右。

其中，石油预计以年均 0.9% 的速度稳定增长，但它在一次能源中的占比却在不断下降，从当前的三分之一下降至四分之一，但是消费总量不会出现大的波动，因此，石油仍然是最重要的燃料。

伍德麦肯兹公司预测，在交通运输电气化和燃油效率提升的影响下，全球石油需求将在 2036 年达到峰值，需求量为 1.1 亿桶 / 日。

而英国石油公司比伍德麦肯兹公司更乐观，其在发布的《世界能源展望 2019》中称，所有情景表明，石油仍将在 2040 年全球能源系统中扮演重要角色，需求水平在 8000 万 ~ 13000 万桶 / 日之间变动。

而 2018 年年底，全球石油需求为 9334 万桶 / 日。

从需求端来看，在未来 20 年左右的时间里，石油的消费比重虽然会下降，但消费总量会保持在相对稳定的状态。

三、未来石油供应　存在不确定性

石油消费趋于稳定的预测结果，是建立在供应稳定的基础上的。那么，供应端也就是生产端的情况是否乐观呢？

《世界能源统计年鉴 2019 年》公布的数据显示，截至 2018 年年底，全世界探明石油储量达到 1.7297 万亿桶，同比少量增长。全球绝大部分石油资源主要集中分布在中东、中南美洲、北美洲三大地区，分别占世界探明储量的 48.3%、18.8%、13.7%，总计占比 80.8%。

2018 年世界石油产量出现明显上涨，达到 9471.8 万桶 / 日，同比增加了 220 万桶 / 日，增速 2.4%，超历史平均水平的两倍。

按照 2018 年生产水平，已探明石油储量可供人类开采 50 年，在过去的几十年里，石油可采年限基本维持在这一水平。

具体而言，除了中东地区，全球石油的可开采年限随着技术的提升，基本保持平稳甚至呈现逐步增长的势态。因此，对于石油行业的发展，仅从资源量的角度考量，或许可以持乐观态度。

但从长期来看，更大、更令人担忧的全球石油供应缺口正在逼近——一些机构预测，除非能很快发现大量石油，否则世界最早可能在 2025 年左右出现石油短缺。

◀ 老一辈石油人在重油公司稠油开采现场进行技术交流。（重油公司供图）

英国石油公司发布的《世界能源展望2019年》称，为了满足2040年的石油需求，必须保证足够的投资。如果未来投资被限制于开发现有的油田并且没有对新产区的投资，全球产量将以年均4.5%的速度衰减，即2040年全球石油产量将仅约3500万桶/日。为了填补需求供给，石油行业未来二十年还需要数万亿美金的投资。

伍德麦肯兹公司的预测结果显示，2025年左右将出现供应缺口。以目前的低油藏水平和该公司设想之外的技术突破，到2030年，石油供应缺口将飙升至300万桶/日，到2035年将达到700万桶/日，到2040年将达到1200万桶/日。

这并不是说现在没有发现新的石油储量，只是在全球石油需求预计仍将继续上升的情况下，现有发现量还不足以抵消成熟油田产量的自然下降。

发现石油储量减少的主要原因是，自2014年油价暴跌以来，石油的勘探投资大幅下降。未来石油需求的箭头依然是上扬的，石油行业仍将需要投入大量资金用于勘探和开发。如果认为石油行业将衰落而不愿投入，世界新一轮石油危机将不可避免。

四、我国的石油缺口巨大

我国能源需求增长迅猛，过去十年能源消费增长了54.6%，2017年能源消费31.32亿吨油当量，占全球能源消费总量的23.2%。

我国近年能源消费增长略有放缓，但2017年仍然贡献了全球增长量的34%，是全世界最大的能源消费国。

但我国资源禀赋相对较差。石油、天然气等优质能源短缺，对外依存度高；煤炭资源丰富，探明储量排名低，供给不足；可再生能源储量充沛，但开发程度不高。

目前，我国能源结构还存在严重失衡的情况。2017年，煤炭在全部能源消费中占比为60%，石油占19%，天然气占7%，非化石能源占14%。与世界平均水平相比，我国过度依赖煤炭，石油和天然气支柱作用不足，核能发展相对滞后，可再生能源发展态势较好，高于世界平均水平。

2017 年，中国仍然是世界上最大的能源消费国，占全球能源消费量的 23.2% 和全球能源消费增长的 33.6%。从中国第一大能源煤炭的消费情况来看，尽管煤炭消费出现反弹，但在 2017 年，煤炭在中国能源结构中的占比已经降至 60.4%，创历史新低。

石油仍然是我国第二大能源，在能源消费结构中的占比几乎与往年持平。

当前我国石油消费缺口巨大，随着经济的高速发展，我国对石油的需求量日益上升，对外依存度也逐年提高。2018 年，我国石油对外依存度仍然在上升，超过 70%，为历史最高值。

▲ 克拉玛依石化公司生产的桶装沥青销往铁路建设市场。（克拉玛依石化公司供图）

在石油资源方面，我国储量较低。根据 2017 年中国矿产资源报告显示，截至 2016 年年底，我国石油地质资源量 1257 亿吨，可采资源量 301 亿吨，剩余技术可采储量仅为 35 亿吨，占全球的 1.5%，储量前景不容乐观。

全国待探明石油地质资源量 885 亿吨，但随着

▲ 以克拉玛依油田的稠油为原料生产的航空煤油等产品为我国航空航天事业助力。（闫勇 摄）

高品质石油资源逐步开采消耗，剩余资源品质整体降低，超过 70% 属于低渗、深层、深水以及稠油，勘探对象日趋复杂，勘探开发成本高。

2017 年，我国石油年产量为 1.92 亿吨，降幅为 3.8%，是连续两年产量低于 2 亿吨，但降幅有所收窄。产量之所以下降，除了投资减少外，在低油价背景下，国内原油生产企业普遍以进口代替生产也是原因之一。

"储采比"是反映石油勘探开发状况的一个重要指标，又称"储量寿命"，即年末剩余储量除以当年产量得到的产量，按当前生产水平尚可开采的年数。据此计算，我国石油资源的目前储采比仅为 18.2，远低于世界石油平均储采比 50.3，石油安全岌岌可危。

五、"页岩油革命"辉煌背后有隐忧

对石油短缺担忧的背后，人们又对世界非常规石油资源开发方兴未艾抱有很大希望。这其中，以美国为代表的"页岩油革命"越来越引人瞩目。

页岩是由黏土物质硬化形成的微小颗粒，易裂碎，很容易分裂成为明显的岩层。页岩油是储集在页岩之中的石油资源，渗透率极低，开发难度巨大。对于页岩油资源量，目前世界上并没有公开的数据，但许多机构预测都在千亿吨以上。

据国际能源署预测，世界页岩油资源储量丰富，俄罗斯、美国、中国排在全球前三位，是未来重要的战略性接替资源。《世界能源统计年鉴2019》数据显示，美国从2012年实现页岩油革命开始，石油产量增加幅度已超过700万桶/日。2018年，美国石油产量同比增加220万桶/日，创造了所有国家有史以来年度增产最高的纪录。2019年4月，美国石油产量达到创纪录的1220万桶/日，是世界上产油最多的国家。

但美国页岩油革命日渐繁盛的背后也开始出现诸多问题。多家媒体报道显示，美国页岩油油田由于单个钻井平台之间的距离越来越近，钻井之间相互干扰，单个钻井的产量已经开始降低。

2018年全年美国页岩

▲ 克拉玛依石化公司试验人员对稠油产品进行检测。（克拉玛依石化公司供图）

油行业花费了 700 亿美元，这些费用中的 70% 用于维持现有产量，仅有 30% 用来增加产量。但投入和产出并不成正比——现有的这些技术已经将每一个单井的生产能力都推到了极限，单井产量很难再提升了。

而易于开采的地方都已经大量钻井，如果要新增加钻井，不但成本较高，单产也较低。整个美国页岩油行业，不得不面临单井产量下降、成本上升的问题。

▲ 风城油田作业区采油工在稠油生产区块奋战。
（高迎春 摄）

从去年的数据看，美国页岩油产量没有出现明显增长，此前的强劲势头已被终止。从 2018 年年底到 2019 年 8 月的 9 个月里，美国的石油钻井平台数量下降了近 120 个，美国原油日产量同比增长已从 2018 年年底的逾 200 万桶降至约 160 万桶。

其实，与美国相比，我国的页岩油开发不管是硬件条件还是软件条件，更是有很大差距。

中国的页岩油属陆相湖相沉积，与美国海相沉积差异较大，有它自身的特殊性。

目前，我国已经可以生产出页岩油，只是距离实现商业化开发还需要一段时间。

根据目前的情况预计，到 2025 年中国页岩油有望实现工业化生产。对于页岩油的开发成本，在大规模工业化量产之前，页岩油的开发可以说是不计成本的，数倍甚至数十倍于常规石油开发的成本都是可能的。而美国页岩油开发遇到的问题，也值得我国警惕。

未来页岩油的发展趋势，还存在较大的变数。

六、稠油开发技术——大有可为

与页岩油、致密油、煤层气等能源相比，世界稠油资源的储量更为庞大。

新疆油田公司党委书记、总经理霍进介绍，据不完全统计，当今世界上稠油探明储量为 8150 亿吨，占全球石油剩余探明储量的 70%，具有广阔的开发前景。中国油企在海外的矿权储量达 139 亿吨，比准噶尔盆地的油气资源量还大。

矛盾也是存在的。虽然世界石油探明可采储量中以重质油（稠油）居多，但原油产量中仍然是以轻质油和中质油居多。

可以预见，未来新增原油供应将以中质油和重质油为主，原油资源的重质化、劣质化趋势明显。随着能源需求不断增加、常规石油资源日益减少、石油价格的不断攀升以及全球对环境的日益关注，全球范围内易开采的油田正在走向枯竭，以沙特为首的中东产油国也不得不把目光转向非常规资源——稠油的开发。

据美国国家地质调查局估计，以目前的全球消费速度来说，全球稠油储量将可以维持约 100 年，但利用现有技术只有其中一小部分可以加以开采。

稠油的黏度大，开采难度自然也大，而且相比轻油，稠油精炼成汽油的成本要大得多。这些都导致现有老油田和新油田的石油开采成本正在变得日益昂贵，而先进开采设备的引入就显得尤为重要。但同时，由于石油生产大国大多是发展中国家，其开采设备与冶炼水平等都相对落后，技术含量低，无法应对不断加大的开采难度与冶炼标准的要求。

然而，这种状况对于掌握了先进的稠油开发成套技术和装备的新疆油田公司来说，则是一个巨大的机会。

"我们的稠油开发技术已经比较成熟，开发成本逐渐降低，国际油价只要超过 50 美元 / 桶，稠油开发就有利润，具有很大的优势。"霍进说。

我国一些专家预测，美国的页岩油的真正成本很可能超过 50 美元 / 桶。

从全球稠油资源结构和分布来看，浅层稠油油藏储量资源占世界稠油总储量的70%，超5000亿吨，是非常可观的，主要分布在北美的加拿大、美国，南美的委内瑞拉，中亚－俄罗斯等，仅委内瑞拉浅层稠油资源量就超过3000亿吨。

"他们的油藏条件比我们国内的要好，原油黏度也没我们的高。我们的成套技术及装备完全可以在这些国家和地区广泛应用。因此，未来将有更广阔的应用前景。"霍进说。

对世界而言，稠油是下一片资源蓝海；而对掌握了稠油开发的"独门武功"克拉玛依油田和对新疆油田公司而言，稠油无疑亦是下一片市场蓝海！

高宇飞

第三篇

国之瑰宝 城之希望
——全球视野下的克拉玛依稠油资源价值分析

▲ 从克拉玛依油田开采出来的稠油原油，在克拉玛依石化公司炼化成各种产品后，源源不断地输送到疆内外。（戴旭虎 摄）

克拉玛依的稠油到底有哪些重要价值？

翻阅各种文献我们发现，有关克拉玛依油田稠油的内容不算少，但依然以技术研究类为主，对于其蕴含的重大独特价值的研究内容少之又少。

这说明克拉玛依油田的稠油并未引起外界应有的广泛关注与重视，其重要意义还远远没有被认识。

即使在克拉玛依本地，除了从事稠油研究、开发、炼制等相关工作的人员，对其有深刻认识的人也并不是很多。一些人甚至认为，开发稠油是做"亏本买卖"。

但对于石油资源并不丰富的我国来说，克拉玛依油田稠油资源因为埋藏浅，是宝贵的现实接替资源，其产量稳居中国稠油总产量的四分之一、中国石油集团公司稠油产量的近二分之一、新疆油田公司原油总产量的近二分之一，为新疆油田公司 1000 万吨年产量稳产 17 年做出了巨大贡献；克拉玛依油田的稠油资源因为其独特的价值，早已成为我国国民经济发展、国防建设、重大战略工程的重要战略资源；打破国外对众多高端环烷基油品垄

◀ 克拉玛依石化公司员工在润滑油高压加氢装置巡检。该装置于2019年年底试车成功并投入运行，使得该公司首次成功生产出高端的、黏度指数大于120的Ⅲ类基础油，且润滑油生产能力及产品质量大幅提升，实现了几代克石化人建设高档润滑油生产基地的目标。（闵勇 摄）

断和禁运局面的原料，大都来源于克拉玛依油田的稠油；而克拉玛依油田的稠油开发，为地方经济建设、社会稳定和长治久安做出了重要贡献。

所以，用"国之瑰宝，城之希望"来形容克拉玛依油田稠油资源的价值，一点也不为过。

一、一枝独"浅"的埋藏深度

在油气藏综合评价中，埋藏深度是主要的评价指标之一。

根据埋藏深度的不同，油藏分为4类：埋藏深度小于1500米，是浅层油藏；埋藏深度介于1500~2800米之间，是中深油藏；埋藏深度介于2800~4000米之间，是深层油藏；埋藏深度大于4000米，是超深油藏。

在单井产量相同的情况下，油气埋藏越深开发投资越高，对经济效益的影响越严重。

相关资料显示，就埋藏深度看，过去我国的油田油藏多数分布在2000~3500米范围内。但是，近些年国内的西南油气田、塔里木油田等主要增储油气田，大量新探明油气资源的埋藏深度达到4000米、5000米甚至7000米以上，并且相当一部分资源储存在致密的页岩或低渗岩石中。

对这些资源的开采，所需工艺复杂，对技术和装备要求很高，大大提高了开采成本。有数据显示，目前四川地区打一口页岩气井，平均钻井成本在4000万元以上，有的甚至上亿元。

其实不仅在中国，全球油气的勘探开发都在向"深"蔓延。

2018年，全球发现的最大的10个油气田中，有9个来自海洋，且其中有8个是超深水油气田。相对陆地开采，超深水开采风险难度更大，具备作业能力的石油公司在全球范围内也屈指可数。

而我国的油气开采，已不可避免地进入深层时代。

据《中国石油报》报道，历经多年高强度勘探和高速高效开发，各油气田勘探程度越来越高，资源品质劣质化趋势愈发明显，寻找规模优质储量的难度持续升级。20世纪90年代开始，我国油气勘探整体进入以岩性油气藏为主的阶段。"十二五"期间，我国已探明石油储量中，低渗、超低渗储量占70%，低丰度储量占90%以上，我国石油行业整体进入低品位资源勘探阶段。

但克拉玛依油田的稠油资源埋藏却很浅，基本在地下150～600米之间，而且资源量较可观，达到12亿吨。

"这些属于看得见摸得着的资源，是确定的。开采成本也不高，油价在

▲ 铁路专用线通车后，克拉玛依石化公司的稠油炼化产品能够顺利、便捷地输送至全国各地。（克拉玛依石化公司供图）

40 美元 / 桶就不亏本。相比于其他新增储量存在的开采不确定性和高成本，克拉玛依的稠油资源是最现实的接替资源之一。"中石油集团公司高级技术稠油专家、新疆油田公司企业技术专家孙新革说。

二、石油中的"稀土"

虽然资源很现实，但对于克拉玛依稠油的价值，各界很长一段时间都存在着不同的看法。从开采难度上来看，克拉玛依油田稠油赋存于低品位油藏，突出表现为高黏度、低丰度、强非均质和能量低 4 个特点，开采难度大、炼化难度大。

即使是采出来的原油，也被归为劣质原油，价格比普通原油低得多。如果在石油价格处于低谷的时候开采，就没有经济效益。似乎从各方面条件来看，克拉玛依油田的稠油都存在致命弱点，开采价值并不大。但任何事物都有两面性，虽然开采难度大、炼制难度大、开发成本高，但克拉玛依油田的稠油又具有稀油和其他类型稠油并不具备的独特优势。

就品质而言，全球各地的稠油差异巨大。稠油可大致分为石蜡基稠油、中间基稠油和环烷基稠油三大类。这种分类是以环烷烃含量来划分的，少于 20% 的被称为石蜡基稠油，20% ~ 40% 之间的被称为中间基稠油，40% 以上的被称为环烷基稠油。

目前，世界上环烷基稠油属于稀缺资源，储量极少，被誉为石油中的"稀土"。

据了解，目前环烷烃含量在 40% 以上的稠油储量只占世界已探明稠油储量的 2.2%。环烷烃含量大于 50% 的优质环烷基稠油资源，仅占世界稠油探明储量的 0.15%。

分地区来看，美国、加拿大稠油中环烷烃含量为 32%，委内瑞拉稠油中环烷烃含量为 53%，中国渤海湾稠油中环烷烃含量为 30% ~ 46%。

而克拉玛依油田的稠油环烷烃含量高达 69.7%，是其中的"极品"，称之为"原油皇冠上的明珠"。

"克拉玛依油田的优质环烷基稠油，受相关政策影响，在开采端的价值

▲ 风城油田作业区稠油生产基地的超稠油 SAGD 开采技术推动了稠油的规模开发。（闵勇 摄）

并没有被体现出来，但在炼化端体现了出来，炼制的产品附加值非常高。"新疆油田公司党委书记、总经理霍进说。

那么，环烷基稠油的珍贵之处到底体现在什么地方呢？

三、国家的瑰宝

相对于石蜡基原油，克拉玛依油田的稠油是最优质的环烷基稠油，它具有"三高三低"的特性，即高黏度、高密度、高酸值、低凝点、低闪点、低黏度指数，是炼制航空煤油、低凝柴油、超低温冷冻机油、特种沥青、高端橡胶油等特种油品不可或缺的稀缺优质原料，在重要工业领域、国家重大战略工程、航空航天等工程中具有不可替代的独特价值。

因此，克拉玛依油田的稠油堪称"国之瑰宝"。

从 20 世纪 80 年代初开始，我国航空航天、交通运输、制造及电力等行业对高端特种油品的需求迅速增加，但国内高端特种油生产技术却一片空白，市场基本被国外大公司垄断，只能大量进口。这种局面严重影响着我国的国防和经济建设。

生产这些高端特种油品不但需要过硬的加工技术，还需要合格的、充足的原料，而最好的原料就是克拉玛依油田的环烷基稠油，加工的重任则落在了当时的新疆石油管理局下属的克拉玛依石化厂身上。

据克拉玛依石化公司科技处处长李荣介绍，经过长期的自主研发、联合攻关和不断工业化应用改进，克拉玛依石化公司逐渐攻克了稠油深加工的国际性难题，形成了我国自主知识产权的稠油深加工成套技术，填补了多项国内空白，实现了我国稠油加工技术从空白到国际先进的历史性突破，打破了国际贸易壁垒。

利用克拉玛依油田稠油的特质，克拉玛依石化公司生产出了上百种精品油品，经过三十多年的努力已实现国家稀缺环烷基特种油品的有效供给，使我国航空煤油、高端润滑油、变压器油等特种油品的对外依存度大幅下降，也使这些昂贵的油品进口价格大幅降低，为国家节约了大量资金，有力地支撑了我国经济和国防建设。

在航空航天和国防领域，克拉玛依石化公司开发的火箭煤油、航空液压油、罗盘油、舵盘液压油、严寒区稠化机油、严寒区车辆齿轮油等特种产品，为国防事业也做出了突出贡献。

在变压器油领域，克拉玛依石化公司成了世界上最大的变压器油生产企业，其研发的变压器油质量达到国际领先水平，超过了国外同行业产品的质量水平，替代了昂贵的进口产品，国内 ±550 千伏以上的高压特高压直流输电用品市场占有率100%，还是我国 1000 千伏特高压交流输电、±800 千伏特高压直流输电变压器的唯一指定产品。

在橡胶油领域，克拉玛依石化公司成了国内最早生产环烷基橡胶油的企业，其产品质量领先国外同类产品。国内三大橡胶生产企业使用该公司生产的高质量橡胶增塑剂产品，改变了国内环保轮胎橡胶油长期依赖高价进口的局面，有力支撑了中国橡胶产品的出口，为我国出口加工型企业如制鞋业等提供了物美价廉的橡胶油。

在冷冻机油领域，克拉玛依石化公司成功研发的冷冻油基础油也达到了国内最高水平，实现了冷冻机油产品向新日本石油、美国爱默生等外资企业的稳定销售，其高档冷冻机油产品国内市场占有率高达85%以上，已成功替代国际知名产品。

在高端沥青领域，克拉玛依石化公司发展成为西北地区最大的沥青生产基地。该公司研发的高档沥青，打破了国外产品的垄断，成为国家重大工程的供应产品，改写了国家枢纽机场跑道建设长期依赖进口沥青的历史，实现了该公司沥青产品在高海拔、严寒地区的推广应用，出口应用到"一带一路"沿线首个国家大型防洪项目。

克拉玛依油田的稠油，彻底改变了20世纪以来国内80%的优质环烷基稠油需求依靠进口且开采技术受制于人的局面。

"如果我们的稠油产量上不去、稳不住，石化企业就无油可炼，重要工业领域、国家重大工程、国防建设等需要的特种油品和高端润滑油就得更多依赖进口。特别是在当前复杂严峻的国际形势下，'卡脖子'问题就会更加凸显。"霍进说。

四、中石油的宝藏

对于中石油天然气集团公司来说，克拉玛依油田的稠油资源堪称宝藏，为中石油多年来的发展做出了重要贡献。

霍进认为，这个重要贡献主要从三个方面体现出来：一是贡献了产量；二是为下游炼化企业炼制特色产品提供了原料保障；三是对中石油在新疆地区的整体效益产生了重大影响。

从产量贡献上来看，从20世纪80年代到2018年，克拉玛依油田共生产稠油1亿吨，尤其是从2012年以来，新疆油田公司稠油产量连续稳产在400万吨以上，2015年更是达到了创纪录的500多万吨，2018年维持在435万吨的水平。对于中石油一年上亿吨的产量来说，克拉玛依油田的稠油占比虽然不大，但在当前国内油田上产稳产日益困难的当下，其稳定的产量仍具有重要意义，尤其是对于新疆油田公司2002年以来连续把年产量稳定在 1000 万吨以上具有重要的支撑作用。

据统计，1996—2014 年，新疆油田公司稠油产量从 180 万吨大幅增长到 533 万吨，占新疆油田公司产量的半壁江山，净增 350 万吨；其间全油田的原油产量从 826 万吨增长到 1180 万吨，净增 354 万吨。可以说，1996—2014 年，新疆油田公司油田的增量部分基本都是稠油的贡献，占比高达 99%。

从为下游炼化企业炼制特色产品提供原料保障的角度来看，最大受益者是中石油下属的克拉玛依石化公司。

新疆油田公司稠油长期 400 万吨以上稳产，支撑克拉玛依石化公司建成了环烷基特种油品 400 万吨/年加工基地，创造了润滑油产量、电器（变压器）用油质量和产量、橡胶用油质量和产量、光亮油质量和产量、冷冻机油质量和产量、重交通道路沥青质量、稠油加工技术水平七项"全国第一"，产品质量均达到国际先进水平。克拉玛依石化公司效益常年居中石油炼化板块前列，是国内的炼化明星企业。2018 年，克拉玛依石化公司营业收入达 229 亿元。

从对中石油在新疆地区的整体效益产生重大影响的角度来看，围绕克拉玛依油田的稠油资源，目前已经形成了一个涵盖勘探－开发－炼化乃至储

▼ 风城油田作业区二号联合站建成后，成了全国最大的稠油生产基地联合站。（戴旭虎 摄）

运、销售等上中下游一体化的庞大产业，几乎覆盖了整个石油产业链条，惠及的中石油下属企业众多，这其中既包括非驻疆下属企业，也包括驻疆企业新疆油田公司、克拉玛依石化公司、中油工程公司、西部钻探工程公司、中石油运输公司等。

从开发稠油形成了世界领先的关键技术的角度来看，目前，中国石油在海外有矿权的稠油油田上百亿吨，新疆油田公司拥有了开采稠油的技术，也就意味着中石油拥有了这些技术，其国际领先的技术和广阔的应用前景，使中石油在海外的稠油矿权能够得到更有效的开发，今后在海外购得更多稠油相关矿权也更有底气。这对于保障中石油的发展和我国能源安全都具有十分重要的意义。

五、城市的希望

众所周知，克拉玛依是一座因油而生、因油而兴的城市，是国内重要的油气生产、炼油化工、油气储备基地。石油石化产业是克拉玛依市工业发展和地方经济的顶梁柱，即使在自觉推进城市转型十多年后的今天，石油石化产业对地方经济的贡献占比仍然在 70% 左右。

客观地说，在未来相当长一段时期，石油石化产业的兴衰对克拉玛依的命运都起着决定性的作用。

霍进说，"稠油产量的持续稳定生产，一方面保障了新疆油田公司、克拉玛依石化公司、中油工程公司、西部钻探公司等中石油在克企业的持续发展，另一方面带动了克拉玛依市钻修井、油田建设、油田技术服务等类型的地方企业的快速发展，解决 5 万多人的就业，为克拉玛依市贡献了数百亿的产值和数十亿的财税收入，有力地促进克拉玛依市社会稳定和经济发展。"

据统计，1996—2018 年，新疆油田公司生产稠油 8260 万吨，生产总值 1879 亿元，上缴税费 326 亿元，实现利润 617 亿元。更具体来说，新疆油田公司的稠油产量持续稳定在 400 万吨以上，几乎占新疆油田公司近半的原油产量，但其所产生的价值远不止开采出来的原油的一次售卖价值。

从石油产业链的角度来解析，石油产业链分为三个板块：上游是石油勘探与开采、中游是石油储运、下游是石油加工以及成品油的批发零售，涉及数十个细分行业与领域。而这三大板块数十个行业在克拉玛依市大都有分布，围绕这些行业形成了大大小小的企业达到数百家，这背后又是克拉玛依市数万职工的就业和生计。而围绕这数万职工的生活消费，又促进了第三产业的蓬勃发展，使克拉玛依市城市经济实现了可持续发展。

因此因油而生、因油而兴并不是轻描淡写的一句话，而是对克拉玛依市的经济社会运行状态的深刻揭示。

而在中石油集团公司高级技术专家马德胜看来，除经济社会效益外，新疆油田公司的强非均质特超稠油开发关键技术，还将为克拉玛依带来另一个好处——使克拉玛依市从"石油城市"升级为"技术城市"，在"一带一路"建设中拥有"技术高地"的桥头堡地位。

霍进介绍，新疆油田公司取得的强非均质特超稠油开发关键技术，形成4大开发技术系列、5类药剂配方、13项自主创新产品、105种新设备，授权国家发明专利30件，国家软件著作权10项，集团公司技术秘密20项，取得了大量的有形化成果和专利产品，能够提供稠油开发项目的开发方案设计、开发建设、生产运维的全过程的技术服务。

新疆油田公司勘探开发研究院早已成立了专门的中亚研究所，立足中亚、面向全球，已经在十多个国家和地区开展了技术合作。

在以科技为主要驱动力的当今世界，谁占据了技术制高点，谁就取得了发展壮大的主动权。

作为克拉玛依市最重要驻市央企的新疆油田公司，它形成的强非均质特超稠油开发关键技术，使克拉玛依在世界稠油开发技术方面居于领先地位。

在"一带一路"沿线国家和地区，向中亚、中东、非洲地区，以及南美、北美地区，广泛分布着稠油油田。

作为丝绸之路经济带核心区的重要节点城市，克拉玛依临近中亚、中东地区，依靠自身所掌握的核心科技，在"一带一路"沿线稠油开发合作中已经占据了优势。

近年来，新疆油田公司在哈萨克斯坦的库姆萨依稠油油藏、莫尔图克稠油油藏、肯基亚克盐上稠油油藏、KMK，在委内瑞拉MPE-3稠油项目、胡宁 4 稠油项目，在加拿大的麦凯河 SAGD 项目，均开展了对外技术合作。其中，与阿克纠宾开展肯基亚克盐上、KMK 项目技术合作，推动了该地区 1.95 亿吨稠油资源的有效动用，有力支撑了阿克纠宾连续 8 年油气当量超 1000 万吨，这是中石油海外权益油气产量最大的项目之一。

因此，对于克拉玛依来说，稠油资源以及稠油开发关键技术在过去和未来相当长的一个时期，都是这座城市发展兴盛的一个重要希望所在。

拥有独特的环烷基稠油资源，是克拉玛依的幸运；拥有世界领先水平的稠油开发成套技术及装备，更是克拉玛依的骄傲！

高宇飞

第四篇

稠油开发 难于上青天

—— 克拉玛依油田稠油开发技术难题解析

▲ 经过几十年的勘探开发，风城油田作业区稠油和超稠油终于实现规模化开采。
（戴旭虎 摄）

　　稠油固然好。但是要把它从几百甚至上千米深的地下开采出来，就没那么容易了。

　　世界稠油资源虽然非常丰富，已探明储量高达 8150 多亿吨，约占全球石油剩余探明储量的 70%。但是，当前世界上原油来源仍以稀油为主，稠油产量占比仍然不大。根据英国石油公司公布的数据，2018 年全球原油产量为 44.74 亿吨。

　　全球稠油年产量并没有确切数据，综合各方面信息大致可以推算出，世界稠油年产量不到全球石油总产量的四分之一。

　　为什么稠油储量巨大却产量较小呢？因为稠油开发比稀油开发更难。一难在技术要求太高，二难在开采成本太大。

　　克拉玛依油田的稠油虽然埋藏浅，但因为储层差、物性差，想要实现有效益的开发，更是难上加难。

◀ 稠油生产区块的勘探开发史是一段艰苦卓绝的创业史、奋斗史。这是1982年2月32878钻井队在风城油田钻井施工的场面。（刘宪宗 摄）

一、复杂的世界难题

要想理解稠油开发的难度，首先必须得搞清楚什么是稠油。

稠油是沥青质和胶质含量较高、黏度较大的原油，其相对密度大于0.92（20℃）、地下黏度大于50厘泊，国际上一般称之为重油，我国习惯称之为稠油。

稀油像水一样流动，而稠油却因为黏度高而很难流动。有的稠油黏度高达几百万厘泊，像"黑泥"一样，还有的黏度更高的稠油像红糖一样呈现固态状，可用铁锹铲、用手抓起。

用科学的语言解释——稠油的流动性太差了。

开采稀油时，条件好的油层可以实现油井自喷，自喷不了的可以通过向油层注水，保持油层压力，补充地层能量，然后用抽油机把油抽出来。对于稠油来说，既不能自己喷出来，抽油机也抽不动。因此，要想把稠油从地下开采出来，必须要研究新的技术。

在世界范围内各地的稠油油藏情况也大相径庭，在储藏条件、非均质性、黏度、物性、饱和度、埋藏深度、油层厚度等决定开采技术、开采难度的因素方面千差万别，不同的油藏特性需要的开采技术是不一样的。因此，靠单一的技术开发稠油也是行不通的。

对于不同的稠油油藏，必须研究不同的开采技术。

随着开采的不断推进和深入，油藏的地质条件也会不断恶化，也需要研究新的技术。

将稠油开采出来后，目的是能销售和运输出去。但是要想将这种高黏度的油从采出液里成功分离出来，然后加工处理到适合向客户交货和运输的程度，也是一道巨大的难题。

近百年来，国内外的稠油开采技术研究在不断发展和进步，火驱、蒸汽吞吐、蒸汽驱、SAGD、THAI 等技术不断出现，但是仍然没有一项通用的技术可以"一招鲜、吃遍天"，稠油的开发依然没有得到大范围普及，其产量依然不算高。这说明稠油开发在技术上是世界级的复杂难题。但从经济角度来讲，作为一种商品，石油开发就是在打成本仗。油价的动荡和开采成本居高不下，是稠油开发需要面临的又一大难题。

由于国际油价忽高忽低，十分不稳定，而稠油在资源品质方面远低于稀油，被归为劣质油品。因此，其销售价格通常比稀油价格要低。而在生产端，其开发成本又比稀油开发成本高得多。

▲ 在克拉玛依红山油田有限责任公司原油生产现场（红浅作业区红 001 井区），一名石油工人正在开采稠油的丛式井前巡井。（闫勇 摄）

也就是说无论是开采还是销售，搞稠油是"两头吃亏"。因此，要想使稠油实现有开发价值，也就是采油企业有经济效益开发，就必须使稠油的开采成本大幅降低。

对于储藏条件好的稠油油藏来说，降低开采成本是比较容易实现的，但对于众多储藏条件差的稠油油藏来说，难度就大得多。一旦遇到油价大跌，企业生产的稠油越多亏损就越多。2014年国际油价暴跌就是最明显的例证。当年，WTI原油（美国西得克萨斯轻质中间基原油，全球原油定价的基准）价格从106.9美元/桶跌至26.2美元/桶，远低于许多地区稠油40～50美元/桶的成本价。

而且，当前世界油价仍在中低位运行，对于开采成本较高的稠油油田来说，开采风险一直较大。而企业开发效益低，又抑制了在技术研发上的投入。如果油价长时间在低位徘徊，则会形成恶性循环，对稠油的开发愈发不利。

在环保受到高度重视的当下，稠油如何实现环保开发也是一道难关。

由于稠油采出液成分复杂，包含了油、水、泥等各种混合物。如何有效地将原油从采出液中经济地分离出来，本身就是一个巨大的难题。

将原油从采出液分离出来的同时，也会有大量成分复杂的污水被分离出

◀ 在重油公司稠油生产区块勘探现场，老一辈石油专家和技术人员正在查看和研究岩心。（重油公司供图）

来。如果不能对这些污水进行有效处理和回收，而是把它排放出去，将严重影响当地的生态环境。

技术难题，经济难题，环保难题，任何一个难题都不容易被解决，也都不容小觑。

二、"乖张"的克拉玛依稠油

与国内外已经成功实现商业开采的稠油油田相比，克拉玛依油田的稠油油藏更复杂、储层条件更差，很有点"乖张"。

中石油集团公司高级技术稠油专家、新疆油田公司企业技术专家孙新革介绍，克拉玛依油田的稠油储藏是低品位油藏，突出表现在3个方面。

一是孔隙结构复杂。采用传统的蒸汽吞吐和蒸汽驱技术进行开采时，是向地下油层注入蒸汽对油层进行加热，使稠油变稀，可以流动。按照理想情况，储层里面存在着均匀、细小的空隙，类似立体的网状结构，像海绵一样。这样一来，蒸汽通过油井注入油层时，就能均匀地扩散波及油井附近的油层，就像蒸笼里的蒸汽一样，去把稠油蒸热，使它软化流动。

但是，克拉玛依油田的稠油储层情况却很不理想，储层里面的孔隙大小不一，有很多大的通道。当蒸汽注入时，一部分进入这些大通道后畅通无阻逃窜了，不能有效波及油井附近油层进行加热。按照专业的角度，就是在多

◄ 2018年1月27日，石油员工正在检查加热锅炉设备运行情况，为稠油热注开采提供保障。（闫勇 摄）

重孔隙结构中易形成蒸汽窜流。而原油黏度越高，窜流越严重，无法实现有效益的开发。

二是隔夹层发育和分布不稳定。隔夹层，也称遮挡层或阻渗层，即储层中能阻止或控制流体运动的非渗透层，比如岩石，它们分布不稳定，大小、厚度不一，小的厚度只有几厘米，大的则有几米乃至几十米厚，会阻挡或限制蒸汽的有效扩散波及，导致蒸汽波及体积受限，进而影响采油效果。

三是原油黏度高。理想的状态是，原油在地层里面就像水一样可以流动，采用注水的办法，因为水比油重且油不溶于水，再加上地层压力，可以很容易将原油驱动到油井里实现开采，有些地质条件好的稀油油井甚至可以自喷。但稠油流动性很差，靠注水驱动起不到作用。要想将稠油从地下开采出来，就必须先让它流动起来。

克拉玛依油田的稠油黏度更大，基本不流动，很多都介于固体与半固体之间。然而必须要采取一种办法，让这种处于半固态甚至固体状态的稠油流动起来。能采取的主要方法就是向油层注入高温蒸汽对其持续加热，但是由于注入足以融化稠油的蒸汽花费很大，因此实现有效益注入难度很大。

传统的蒸汽吞吐开发形式只能解决少部分低黏稠油的开采，对于高黏稠油，是无法实现有效开采的。

在新疆油田公司攻克这道难关之前，这种超稠油油藏，在世界上并没有成功开发的先例，也没有可以借鉴的经验。

◀ 科研人员在风城油田作业区稠油开发现场，研究稠油开采技术和新建产能布局方案。（风城油田作业区供图）

三、注蒸汽开发技术的有限性

对于低黏稠油，新疆油田公司采用的是被广泛应用的蒸汽吞吐开发技术。

蒸汽吞吐是单井生产方式，就是先向油井注入一定量的蒸汽，关井一段时间进行焖井，待蒸汽的热能向油层扩散到一定程度，将稠油软化液化后，再开井将液化后的稠油抽出来的一种开采稠油的增产方法。

蒸汽吞吐注入油层的蒸汽数量极有限，只能使井筒附近一定范围的油层加热，这个范围一般半径仅 10 ~ 30 米，最大不超过 50 米。这样在同一口井进行多轮吞吐开采后，产量递减快。用这种方法，采收率一般只有 15% ~ 20%，最多不超过 25%。也就是说，油藏中探明的稠油最多只有 25% 被采出来。

那么，各井之间还剩下 80% 左右的储量仍滞留地下。对于这项技术，国内外均无进一步提高采收率的技术可借鉴。按照蒸汽热采的通行做法，蒸汽吞吐阶段结束后，一般要转入蒸汽驱。

蒸汽驱是采用井组的方式，由注入井连续不断地往油层中注入蒸汽，蒸汽不断地加热油层，将原油驱赶到生产井口周围，并被采到地面上来，注汽井连续注汽，生产井连续采出原油。但是，这种方式同样有很大的局限。由于蒸汽的波及范围有限，且离注汽井越远，热能就会不断递减。在连续注汽过程中，如何能在有效益的前提下，使注汽井有限的蒸汽的波及范围能彻底到达生产井，使注、采井间成功实现热连通，并使被加热后可流动的原油进入到生产井，是一个很大的难题。

同时，蒸汽在油层中间通过孔隙结构进行波及加热时，油层中间有很多汽窜通道，容易导致注入的蒸汽逃逸，致使蒸汽的有效利用率大大降低，进而影响到采收率。如何堵住这些通道，控制蒸汽窜流，也是一个关键难题。而传统汽驱技术，无法解决这些问题，导致采收率不足 30%。

四、别人家的 SAGD 治不了自家的"病"

克拉玛依油田存在着大量的超稠油资源，但在超稠油开采方面，蒸汽吞吐和蒸汽驱均无法实现有效益的开采，人们自然要把目光转向 SAGD。SAGD 是"蒸汽辅助重力泄油技术"的英文简称，是国外一项比较成功的开采稠油的技术。

SAGD 是由加拿大石油专家罗杰·巴特勒博士于 1978 年提出的，他提出这种方法是受到基于注水采盐原理的启发：注入淡水将盐层中的固体盐溶解，浓度大的盐溶液向下流，浓度小的盐溶液浮在上面，利用含盐溶液的密度差将盐采出。这就是重力泄流概念。

SAGD 是指将蒸汽从位于油藏底部附近的水平生产井上方的一口直井或一口水平井注入油藏，被加热的原油和蒸汽冷凝液由于重力作用，自然流入油藏底部的水平井，然后将油从油藏底部的水平井产出。

SAGD 通过地面模拟研究获得成功后，1988 年投入现场试验，20 世纪 90 年代中期开始商业化应用，并逐渐进入大规模商业应用。

目前，该技术已成为世界各地开采稠油的一项重要技术。

但是，原有的双水平井 SAGD 技术仅适用于像加拿大稠油油田那一类的海相均质普通稠油油藏，并不适用于克拉玛依油田的超稠油油藏。虽然 SAGD 是一个开采稠油的好方法，但传统的 SAGD 和克拉玛依的稠油油藏不"对症"。因为海相均质油藏与陆相非均质油藏条件差异巨大。

海相均质油藏是指海洋环境沉积相的油藏，其特点是储层沉积物成分单一，颗粒相差不大，油层较厚，其空间分布及内部的各种属性都较为均匀，均质性较强。

陆相非均质油藏是指由陆相湖盆碎屑岩沉积而形成的油藏，其特点是沉积物成分复杂，砂、泥岩相间，颗粒相差较大，油层较薄，分层较多，其空间分布及内部的各种属性很不均匀，非均质性较强。

可以看出，相对于海相均质油藏，陆相非均质油藏的条件要差得多。

从 20 世纪 90 年代到 2005 年，新疆油田公司曾三次分别邀请三大国际石油公司，就风城超稠油资源商讨合作开发事宜，但均被列为开发"禁区"。他们给出的理由很简单：风城超稠油油藏条件太复杂、黏度太高、物性太差，不具有任何开发价值。

打一个比方，海相均质油藏就像高速公路，而陆相非均质油藏就像山间小路。传统SAGD技术就像一辆普通的汽车，在高速公路上可以跑出120千米以上的时速，但在山间小路行驶很慢甚至难以行驶。要解决驾驶难题，就必须要对这辆普通汽车进行大刀阔斧的升级改造，使其能够比较顺畅地行驶在山间小路。

对于当年的新疆油田公司而言，只是听说过SAGD这么个概念，对它到底是什么还缺乏基本的了解，更不要说对它进行"升级改造"了。

更何况世界上此前并没有超稠油工业化开发的先例和任何可借鉴的经验。

方案如何编写、需要什么样的工艺设备、井该如何打、两井间如何定位、如何突破隔夹层多的问题、如何解决渗透性差的难题、如何控制井下汽液界面、如何缩短循环预热时间、如何处理复杂采出液……

这些问题，就像横亘在克拉玛依石油人面前的一座难以逾越的山。

五、怎样才能点燃地层里的这把火？

克拉玛依油田的一些稠油油藏，注蒸汽吞吐开发采收率不足20%，一些区块也无法转为蒸汽驱、SAGD等方式进行效益开发。

此时，理论上唯一可行的办法是将传统火驱技术，也就是火烧油层技术"移植"到稠油尾矿开发上。

火驱是向油层注入空气或氧气，通过原油的自燃或人工点火，使地层部分原油就地燃烧，提高油层温度、降低原油黏度、增强原油的流动性和地层能量，使原油能被开采出来。

传统火烧油层理论历史悠久，从20世纪20年代至今已有近百年的历史。我国从1958年起，也在克拉玛依、玉门、辽河、胜利等油田断断续续开展了十多年火烧油层试验研究。受当时条件的限制，火烧油层技术没有得到完善，很快让位于注蒸汽采油。目前这种方法的现场应用在我国也还为数不多。

2008年，新疆油田公司时隔三十多年在红浅1井区重启火驱试验时，该井区的油藏条件是什么情况呢？该井区已废弃10年，经过多年开发，其尾矿原油黏度高达2万厘泊以上，渗透率极低，含油度也很低，次生水体富集，油水分布情况很复杂。

也就是说，红浅1井区的资质极差。但俗话说，理论指导实践。让新疆油田公司科研人员挠头的是，传统火驱理论是建立在油藏条件较好的原始油层基础之上。面对注蒸汽开采后的稠油尾矿，传统的火驱理论根本无法有效指导开发。

具体的难度也很好理解：尾矿含油饱和度低，也就是含油量低，导致在地下点火时油层难以燃烧；次生水体富集，也就是之前开发时尾矿里面产生了大量的水，导致尾矿点火很困难，即使点着也容易熄灭；由于尾矿中的油、水分布情况复杂，技术人员从地上看不到地下的情况，从哪里点火、如何点火、如何监测燃烧情况等关键问题也难以确定。

同时，火驱技术中极为重要的技术——火线前缘实时监测技术，也就是如何实时监测燃烧油层中向前推进的火线，在当时整个世界都是一片空白，根本没有任何可以借鉴的经验。

要想解决上述难题，必须对稠油尾矿情况进行重新研究认识，摸清其火驱机理，形成一套新的理论。

据长期从事火驱开发技术研究的新疆油田公司工程技术研究院副院长潘竟军介绍，虽然新疆石油管理局曾在 20 世纪 50—70 年代进行过火驱试验，但是时过境迁，在 2008 年时基本找不到可供参考的文献，而且国内外有关稠油尾矿火驱的文献也基本找不到，这给当时的火驱试验带来了极大困难。

六、绿色开发是一道难以逾越的坎

对于稠油开发来说，把油从地下开采上来只是第一步，因为从油井里抽出来的物质并不能叫原油，只能叫采出液。

在克拉玛依油田的超稠油开采区，这种采出液是一种高温混合液。

由于克拉玛依油田稠油的黏土含量高，而且近于固态的特点，导致这种采出液的成分和结构十分复杂，既有油、水，还有泥、盐等各种物质。

而原油，需要从这种采出液里面分离出来。仅从颜色上来看，如果是常规稠油井的采出液，经过短时间沉降，会很快出现一条清晰的油水分界线。但是，如果将 SAGD 采出液放入一个透明杯，一个月后再看这杯液体，杯中的颜色一如往常——黄褐色，就像一杯黄泥水。也就是说，在油池中静止

30天以后，这种采出液的状态几乎没有变化，利用当时已有的技术和设备无法进行处理，主要存在以下难题：

采出液呈现混合乳化状态，具有明显的胶体特征，呈现出"水包油""油包水""水油互包"的状态，利用传统脱水技术很难脱水并析出原油，而SAGD高温采出液分离技术又被国外严格封锁。

采出液中的水含盐量很高，油水分离后的污水无法有效回用，排放出去，既容易污染环境，又会造成巨大的水资源浪费。

采出液中盐、硅含量很高，容易导致处理系统结垢严重，从而影响处理效率，甚至容易发生事故。

与此同时，向油层注蒸汽时又需要大量的水资源，但生产蒸汽的设备只能使用清水，无法利用回收的污水，但在克拉玛依，水资源又很匮乏。

处理系统结垢严重和水、热资源无法循环利用，严重制约着当时的稠油开发效益，也是业内难以攻克的世界级难题。

面对如此多的难题，我们不禁要说，克拉玛依油田的稠油开发，堪称"难于上青天"。

这一个又一个世界级的难题，对于当年的克拉玛依石油人简直就是天方夜谭。

然而在面对这种难于上青天的难题时，克拉玛依石油人该怎么办呢？

高宇飞

第五篇

驯化蒸汽 突出重围

——克拉玛依油田稠油油藏注蒸汽开发技术攻关纪实

▲ 2018 年 1 月 27 日，克拉玛依油田百里油区观景台北侧、重油公司采油作业二区 17 号供热站，克拉玛依新科澳公司 2 号流化床等多台注汽锅炉向冰雪覆盖下的稠油开采区块源源不断地注汽。（闵勇 摄）

　　准噶尔盆地稠油资源丰富，在已探明的稠油油藏储量中，盆地西北缘浅层稠油油藏的储量占到了 97%，主要分布在狭义的克拉玛依油田的一区至九区和红山嘴、百口泉、风城等油田的浅层，埋深小于 650 米，这一区域绵延长达 150 千米。

　　按我国石油行业标准，稠油油藏，是指原油在油层条件下黏度大于 50 厘泊，密度大于每立方厘米 0.92 克的油藏。通俗些说，大于 50 厘泊的原油就像泥巴甚至像胶泥一样以固态或者半固态形式存在于地下，使用开采稀油的开发手段无法将其开采出来。

　　面对稠油开采难题，克拉玛依石油人自 20 世纪 50 年代就开始了漫长的求索，他们尝试了各种各样的稠油开发手段，注蒸汽开发是其中使用时间最长、使用面积最大、产量贡献最多的一种方式。

　　从 1983 年克拉玛依油田九浅 1 井注蒸汽开发普通稠油首获成功算起，

克拉玛依石油人在这条稠油油藏注蒸汽开发技术攻关之路上，已走过了37个春夏秋冬。

从最早最传统的蒸汽吞吐开发，到大面积转汽驱，再到如今可大幅度提升采收率的多相协同复合蒸汽驱技术……一个个难题被攻克，新的难题又再产生，再一个个攻克……通过一路的过关斩将，注蒸汽开发技术在克拉玛依油田不断完善和成熟，甚至实现了多次飞跃式的技术创新。

如今，随着注蒸汽开发技术的不断成熟，克拉玛依油田稠油油藏的平均采出率已达到45％，一些区块甚至突破了65％，这个成绩，不仅比国内其他油田稠油开发水平高出近20％，而且比国外同类油藏的最高开发水平还高出5％。

一、初识蒸汽

1955年克拉玛依油田被发现后，大规模的油田详探在全油区展开，通过10条钻井大剖面和相关的地球物理成果，证实了克拉玛依至乌尔禾断裂的上盘边缘地带存在浅层稠油带。

▲ 2018年10月23日，重油公司采油二区，工作人员在2号流化床中控室监控稠油注汽开采运行情况。（闵勇 摄）

1956—1958 年，在乌尔禾风城地区钻探的 48 口构造浅井的油砂也显示，这一地区地下也蕴含丰富的稠油资源。

对注蒸汽稠油开发技术最早的探索是发现这些浅层稠油而开展火烧油层试验后的两年。火烧油层试验因种种原因搁浅，新疆石油管理局又开始开展浅层稠油注蒸汽开采室内模拟试验研究。

1960 年，新疆石油管理局科研人员用磷酸铝胶结石英砂制成人工岩心，注入蒸汽 5 ~ 8 倍孔隙体积后，蒸汽带出大量原油。通过模拟试验，克拉玛依石油人开始认识注蒸汽采油机理。

1965 年，新疆石油管理局克拉玛依矿务局生产技术处处长张毅带着研究人员在现在的黑油山附近开辟了全国第一个稠油开发试验井组，对黑油山附近的浅井首次进行单井蒸汽吞吐试验。

1967 年，他们又开始进行面积汽驱试验。经统计，到 1971 年，各类小型试验累计产油 1442 吨。

但令人遗憾的是，限于当时的技术条件和经济实力，尽管注蒸汽开采试验在技术上取得了一些成绩，但始终未形成工业生产能力，一直只停留在试验阶段。这种状况，也限制了人们对稠油油藏更深入的勘探。

然而，这并未让科研人员停止探索的脚步。

1976 年，新疆石油管理局又在克拉玛依油田六东区进一步开展矿场试验，共有注汽井 19 口、采油井 49 口、测温井 5 口，采用了吞吐、压裂等措施。

1979 年以来，科研人员还从国外引进先进技术，并与外地高等院校、研究院所广泛开展协作攻关，对注采工艺进行了一系列改进。由于当时没有满足实施该项技术所需要的注汽锅炉，锅炉注汽压力、汽量、蒸汽干度都不能达到要求，大大制约了注蒸汽采油工艺的发展。这种状况一直持续到 1983 年。

二、柳暗花明

进入 20 世纪 80 年代，注蒸汽开采稠油已被发达国家公认为有效的开采手段，并在一些油田成功应用。在国内，辽河油田也已开始进行蒸汽吞吐试验，并积累了一定的通过注蒸汽开采稠油的经验。

1982 年初，石油工业部在北京召开的厂矿长会议上介绍了辽河油田引进国外先进技术开发稠油油藏的经验，这引起了新疆石油管理局参加会议的副局长宋汉良的特别注意。

会后，宋汉良马上打电话到勘探开发研究院，让勘探室的夏明生尽快拿出一个乌尔禾风城地区浅层稠油的勘探部署意见。夏明生及勘探室的研究人员不辱使命，于 1982 年 9 月与吴致中等人拿出了 21 口稠油评价井的部署意见。

1983 年 1 月，位于克拉玛依市区 70 多千米外的风城地区的重 1 井完钻，在白垩系和侏罗系连续取出饱含稠油的岩心。4 月 28 日，新疆石油管理局从美国引进的 2 台高温、高压注汽锅炉安装调试后，重 1 井开始蒸汽吞吐试验。3 轮注汽后，累计采油 1023 吨。

但由于重 1 井采出的原油黏度高达 50 万厘泊，属于超稠油，之后的蒸汽吞吐开发效果并不理想，这表明乌尔禾风城地区的浅层超稠油油藏开发技术还需另辟蹊径。

柳暗花明又一村。与此同时，新疆石油管理局在克拉玛依油田九区发现了大面积普通稠油。1983 年 5 月，预探井九浅 1 井获得日产 0.846 吨的工业油流，克拉玛依油田六区、一区、九区丰富的浅层稠油资源被发现，且这一地区的原油黏度比风城地区低得多。

当年 11 月，在九浅 1 井进行的蒸汽单井吞吐试验收获成功，单井日产高达 18 吨，证明了这个区块特别适合蒸汽驱开采。

在油田当时难以找到大的产能接替区的情况下，这一发现和单井蒸汽吞吐试验的成功鼓舞了所有克拉玛依人。油研、钻井、油建和热采队伍一起开进九区，稠油开采的先导性试验拉开了序幕。

▲ 2012 年 5 月 16 日，石油工人在稠油处理站作业。（油田公司企业文化处供图）

◀ 2018年2月16日，克拉玛依红山油田有限责任公司（原红浅作业区001井区），石油工人对稠油开采区块进行注汽作业。（闫勇 摄）

蒸汽吞吐是采用注蒸汽方式开采稠油的一种方法，又称循环注入蒸汽方法，就是把水加热成蒸汽后，通过注汽锅炉周期性地向油井中注入一定量的蒸汽，关井一段时间，待蒸汽热能向油层扩散把稠油软化液化后，再开井生产的一种稠油生产方法。

这项技术既然在国外油田和辽河油田都有使用的先例，那么这些经验和技术能否直接应用到准噶尔盆地西北缘浅层稠油的开发中呢？

准噶尔盆地西北缘浅层稠油油藏地质条件复杂，是典型的陆相强非均质油藏，地层压力低，埋藏浅，渗透率低，九区稠油的原油黏度较风城低，但也达到了6000～30000厘泊。

针对这一油藏的特性，注入的蒸汽量如何确定、如何计算油藏压力变化和受热范围……难解的未知数还有很多。

三、大放光彩

九浅1井收获成功后，彭顺龙和他的攻关队伍承担起了稠油工业化开采技术工艺研究的重任。

彭顺龙是新疆石油管理局油田工艺研究所副所长兼主任工程师。这之前，彭顺龙已经在油田工艺研究领域里求索了二十多年，是克拉玛依油田开采工艺研究的开拓者之一，可谓此刻主持稠油开采研究大局的不二人选。

这支攻关队伍是由地质油藏工程、钻井完井工艺、注汽采油工艺、地面集输工程等多个"军种"构成的技术"集团军"。直接参加这个攻关的有局内外 13 个单位的两百多名技术人员和工人，国家投资近两千万元，整个研究过程简直就是一场"大决战"。

沿着前人的脚步，20 世纪 50 年代以来能找到的国内外有关稠油开采的资料都被搬了出来。二十多年的资料相当于于身高，数以千计的各种数据密如蛛网，彭顺龙带着几个人一头扎进这张无形的巨网中，起早贪黑，废寝忘食……

"我们过去搞了十多年稠油开采技术研究，但没有重大突破。如果我们这些人在 10 ~ 15 年的时间内再开发不出来，就愧对党的培养，愧对子孙后代。"接下任务的彭顺龙立下了铮铮誓言。

彭顺龙像一台不知疲倦的机器超负荷地运转着。制定课题总体攻关规划，起草外协合同，讨论每个子课题的技术细节，审核每一份设计图纸。究竟加了多少个班，熬了多少个夜，没有人能够算出来。然而，身为副所长，他不得不兼顾烦琐的日常行政管理工作，这也让他深感矛盾和痛苦，如果不集中精力攻关稠油开采工艺技术，他立下的铮铮誓言能实现吗？

经过慎重的权衡和深思熟虑，彭顺龙最终决定，向组织递交了辞去副所长的辞呈。为了找到稠油高效开发之匙，彭顺龙不在乎自己的职务高低。同样，为了进一步探寻稠油开采的"迷宫"，彭顺龙也从来不害怕踏足未知的领域。

◀ 油田公司员工在供汽联合站检查注汽锅炉柱塞泵运行情况。（油田公司企业文化处供图）

随着科学技术的发展，计算机编程在石油开采中的作用也越来越大。但对 1958 年毕业的彭顺龙来说，这是他还从未涉足的学科，将这项任务交给相关专业刚刚毕业的大学生，是一件顺理成章的事情。

"彭总，实在对不起，我看不懂，这个课题我没有能力完成。"手拿《误差理论》的青年大学生面露难色地向彭顺龙汇报。

为了解决热采中饱和水蒸气计量的问题，彭顺龙决定亲自试一试。他接过书，废寝忘食钻研琢磨，只用了半个月时间就将其"啃完"，并编出了《饱和水蒸气分井计量》实用计算程序。后来该程序迅速投入生产，并在克

◀ 2017 年 3 月 14 日，重油公司采油作业二区，巡井工人在稠油开采区检查油井注汽运行情况。（闫勇 摄）

拉玛依油田广泛推广应用。

就是这样如抽丝剥茧般，难题逐渐被攻克，蒸汽吞吐开发技术在九区大放光彩。

1985年冬季，九区稠油产量突破了10万吨大关。1986年，新疆石油管理局成立专门开采稠油的稠油开发公司（1998年更名为重油开发公司），当年主力稠油油藏九区已形成30万吨产能，重油公司的热采大队发展到1200人。

在克拉玛依油田这片沃土上，稠油第一次实现了工业化开采。九区，作为开发准噶尔盆地稠油资源的发祥地，注定将在新疆石油工业发展史上，留下浓墨重彩的一笔！

随着工艺的不断成熟，除了九区，新疆石油管理局又成功开发六区、红山嘴等稠油油田，稠油年产量由1984年的0.5万吨上升到1989年的104.5万吨，克拉玛依油田由此成为我国西部最大的稠油生产基地。

四、锅炉革命

就在彭顺龙带领团队啃下一块块硬骨头的同时，一场关于稠油热采最不可或缺的硬件——锅炉方面的技术革新也拉开序幕。

稠油没有自喷能力，使用蒸汽吞吐开采时，必须用高压注汽锅炉把280℃的高温蒸汽注进油层，使油变稀，然后再用抽油机把油抽到地面。

生产高达280℃蒸汽，普通锅炉显然做不到。当时，用国产锅炉产生的蒸汽注进油层后，一口井每天只能采出不到1吨的稠油。

锅炉是稠油开发的命脉，国产锅炉小，温度压力低，一度严重阻碍了稠油开发技术研究的进展，也是当初制约九区原油上产的主要因素。

1983年，彭顺龙带人到国外考察高干度锅炉。他们在美国订购的锅炉产出的蒸汽干度达到了60%～70%，是国产锅炉的两倍多，一小时注蒸汽量可达9吨。蒸汽干度提高一个百分点，稠油产量就会提高一个百分点。

考察热采稠油效率的最主要指标是油汽比：注入的蒸汽越少，采出的稠油越多，效率就越高。用国产锅炉热采的油汽比不到0.1，而美国锅炉可以使油汽比达到 0.2——超出了一倍多。用这样的设备，才可以实现有经济效益的稠油工业化开采。

适合的锅炉设备找到了，随着九区投产步伐的加快，新疆石油管理局在美国订购了十多台锅炉。然而，进口锅炉是买回来了，要把它用好却是一个难题。当时，美国生产的锅炉，别说调试，大家见都是第一次见。那锅炉控制盘上密密麻麻、纵横交错的线路，高深莫测的微机电脑，让人望而生畏。

这批锅炉陆续运抵九区，锅炉必须尽快调试好，油区才能早日投入生产。重油公司副总工程师任印堂全面负责稠油热采注汽锅炉的技术工作，为了调试好锅炉，他干脆和大伙整天泡在工地上，吃住在现场。

锅炉调试阶段，外商派来了两位专家，15 天后，留下一大堆问题任印堂看到这种状况急了："这叫什么专家？"任印堂跑到有关部门要求尽快派人来。

在外商第二次派专家来时，任印堂干脆亲自跟着学习，一来可以快些熟悉工艺，二来可以严格把关。在此后的七十多个日子里，他没有休息过一天，跟着外国专家一个部位、一个部位地调试整改。然而，外国专家不相信他们的技术能力，以为可以在设备调试中蒙混过关。当他们向外国专家提出各种技术问题时，外国专家总是不以为然，甚至不让他们看调试。就是在这样的情况下，任印堂带着工程技术人员硬是靠蚂蚁啃骨头的精神，趁着外国专家不在现场时一点一点地分析各种部件的工作原理和操作方法，逐渐改变了调试中的被动局面。

后来，外国专家解决不了的一些问题，通过任印堂和技术人员的努力也迎刃而解了，外国专家对他们的态度也改变了。于是，他们抓住有利时机，向外国专家提出了 179 个问题，外国专家无法解决这些问题，外商不得不再次更换一批调试人员，并给新疆石油管理局赔偿了十几万元的损失。

外国专家走后，虽仍有一些问题没有解决，但任印堂不信自己无法胜任。他带领着几个年轻人开始对之后新进口的二十多台锅炉进行边调试、边运行、边整改工作。他利用自己所学的高等数学、物理、电学、自动化、热工等知识，在实践中大胆探索应用。有时为了一个部位的正常运转，竟一连三十多个小时不合眼。

有人看到任印堂没日没夜连家都不顾，整天在九区生产一线围着锅炉转，心有疑惑：他能搞出个啥名堂？

"一个技术员，难道还能胜过专家教授？"听到这样的话，任印堂不以为然，因为他相信只要努力，技术员也能当专家。

果不其然。半年后，这批锅炉便在任印堂和几个年轻人的摆弄下，全部运转起来。而任印堂通过这之后12年的不懈钻研，攻克了专用锅炉湿蒸汽质量的监测与自控这一课题，他通过热平衡的方法解决了国外测量蒸汽干度的传统方法的所有缺点，填补了这一领域的空白。

克拉玛依人在锅炉上的革新还有很多：

▲ 2017年3月24日，克拉玛依红山油田有限责任公司稠油生产区块，巡井工正在检查注汽设备运行情况。（闫勇 摄）

1989年末，重油公司锅炉管理科工程师张宝泉作为美方调试人员的助手调试3台休斯敦锅炉。当时生产形势非常紧张，偏偏锅炉控制系统出现问题，美方束手无策。张宝泉挑起这副担子，连续奋战了一个星期，第一台锅炉点火烘炉成功，从此开启了中国人调试外国热采高压注汽设备的先河。

张宝泉最初是因为对无线电技术的痴迷而涉足微机理论研究的，这个从克拉玛依电大毕业的工程师，正是从这次调试开始，看到了自己的价值和奋斗方向，从此一发不可收拾，边学边干，逐渐成为热采锅炉微机控制系统的技术尖子。

重油公司锅炉中心注汽一队队长武占发现，由于缺乏教材，职工只能凭借经验操作锅炉；由于缺乏专业理论知识，职工技术水平偏低。强烈的责任心使他决心改变这种状况，开始编写职工技术培训教材：在闷热的充满刺耳噪声的锅炉房，看到的是他认真钻研的情景；在宁静夜晚办公室的灯光下，留下了他伏案疾书的身影；资料室、图书馆成了他的第二个家，笔记做了十几万字……1989 年，他编著的《油田高压注汽锅炉培训教材》问世，成为技工学校热工专业的教材。

此后的二十多年里，一系列科技成果应用于注汽锅炉的生产，如高压机冷却水的回收利用、锅炉余热回收利用改造、高压锅炉蒸汽干度检测与自控技术的应用……科技成果转化为巨大的生产力，为稠油开发增强了活力。

五、十字路口

在稠油开发初期，有专家预言，按照稠油开发规律，克拉玛依的稠油开发期只有 10 年时间。

六、九区稠油油藏是克拉玛依油田最早开发也是规模最大的稠油油区，主要采取注汽吞吐采油。1987 年投入开发后，产量很快突破 100 万吨，但仍面临开采程度低、能耗大的问题，随后采取了一系列新技术、新工艺，并扩大了生产规模，20 世纪 90 年代后期产量接近 300 万吨。

但是，蒸汽吞吐开采的弊端也在这个过程中慢慢暴露出来：一是成本高，能源消耗大；二是单井产量低，递减快，采收率低。照这样下去，稠油开发很快就将无法进行。

怎么办？

一场争论开始了。

保守一些的专家认为，蒸汽吞吐的开发效果是前期经过实践证实的，应该围绕蒸汽吞吐解决目前采收率低的问题。

但另一部分专家却认为，油田开发到现在，暴露出的这些问题已经无法用改进蒸汽吞吐方式的办法解决，应该探索一种新的稠油开采方式。而这个新的开采方式就是蒸汽驱。

蒸汽吞吐和蒸汽驱都是注蒸汽开发技术，只不过二者的注蒸汽方法截然不同。蒸汽吞吐工艺施工简单，收效快，是单井作业，在同一口井上注汽、采油，对各类稠油油藏地质条件的适用范围较蒸汽驱广，经济上的风险也比蒸汽驱小。

但蒸汽吞吐注入油层的蒸汽数量极为有限，只能使井筒附近一定范围的油层加热，一般半径只有 10 ~ 30 米，最大不超过 50 米。经过一段时间后，稠油黏度又开始变大，逐渐恢复到原状，于是新一轮的注汽 - "焖井" - 采油又开始了。从生产原理上看，经过多轮次的蒸汽吞吐开发后，稠油油藏就会进入高含水阶段，产量递减快，最终的采收率一般只有 15% ~ 20%。

提出探索蒸汽驱开发手段的这部分专家认为，蒸汽吞吐技术是降压开采过程，产量是逐轮降低的，在同一口井上高轮次生产后，产量必然递减，油汽比降低，开发效益逼近经济极限，但此时仍有 80% 的稠油储量滞留地下，

◀ 2020 年 9 月 21 日，风城油田作业区重 32 井区注汽锅炉车间，一名锅炉工正在巡检。（闫勇 摄）

有效动用这部分剩余油，只能尝试蒸汽驱。

蒸汽驱是采用井组的方式，由注入井连续不断地往油层中注入蒸汽，蒸汽不断地加热油层，将原油驱赶到生产井口周围，并被采到地面上来，注汽井连续注汽，生产井连续采出原油。这部分专家认为，只有通过蒸汽驱开采才能将稠油采收率提高到40%以上。

当时，蒸汽驱是除蒸汽吞吐外，另一个有效的稠油开发手段。虽然国内没有任何蒸汽驱的成功经验，但美国克恩河油田用蒸汽驱开采已取得了很好的效果。

遗憾的是，美国克恩河油田的油藏条件为海相沉积，油层厚度为25米，渗透率3个达西，黏度为5000厘泊，而克拉玛依油田稠油油藏为陆相强非均质油藏，油层厚度不足15米，渗透率1.5个达西，黏度为6000～30000厘泊。

也就是说，克拉玛依油田的稠油油藏埋藏浅，油层薄，渗透率低，黏度却更高，开发难度远远大于美国克恩河油田，美国克恩河油田在蒸汽驱上的经验也无法直接借鉴。

争论还在继续。

在很长一段时间里，新疆石油管理局上至主要领导下至普通员工之间形成了两个观点截然相反的"派别"——"吞吐派"和"汽驱派"。两派人员针锋相对、互不相让，经常争论得脸红脖子粗。

1989年，稠油产量上了百万吨，但看似辉煌的成就下却潜藏着危机。

在可采收储量难以大幅增长的情况下，随着稠油黏度系数的增加，产量递减速度很快。1989年，重油开发公司日产原油已从三千余吨大幅降至两千余吨。如果不立即采取新的有力措施，稠油产量将快速递减，有人曾经预测的10年稠油开发时间都有可能达不到。

最终，新疆石油管理局高层领导决定，先在六、九区进行开采试验，再决定是否大面积搞蒸汽驱。

六、关键抉择

1989年的夏天，重油公司一帮科研人员几乎住在了办公室，他们在做一件"大事"——一项国内首创的蒸汽驱开发试验。

他们对蒸汽驱开采技术的研究倾注了大量心血。由于国内外没有现成的经验可以借鉴,他们犹如在茫茫的黑夜中找寻光亮。

在积累了一定的技术储备后,蒸汽驱开采试验终于在六、九区展开,但是结果却出人意料,一些投入蒸汽驱开发的区块不但没有增产,而且还不如吞吐开采。

他们陷入了深深的苦恼中,从理论上讲,蒸汽驱开采应该大幅度提高采收率,但结果却如此令人尴尬,问题究竟出在了哪里呢?

由于采用蒸汽驱的4个井组先导试验产生的效果有好有差,一时间,搞

◀ 2013年3月14日,重油公司采油二区,一名采油女工正现场查看油井注汽运行情况。（闫勇 摄）

不搞蒸汽驱的争论再次被掀起。

这些科研人员没有气馁，他们坚信蒸汽驱开采是当时最有效的开采方式。于是，他们对整个汽驱开采过程进行跟踪研究，反复论证，终于找出了影响蒸汽驱开采效率的原因：井与井之间的距离太大；蒸汽在地层中乱窜逃逸……

最终，在彭顺龙等专家的持续努力下，稠油热采技术奥秘的层层大门终于打开。蒸汽驱先导试验成果的不断显现，给大面积汽驱提供了技术支撑，以赵立春为首的新疆石油管理局主管开发的领导最终拍板决定：必须转蒸汽驱开发。

1990年8月13—16日，中国石油天然气总公司专家鉴定组在克拉玛依对蒸汽驱技术全面鉴定后得出结论：国家"七五"期间重点科技项目、我国第一个现代蒸汽驱技术——克拉玛依九区蒸汽驱开采技术的先导试验，取得了较好的开发效果，对我国浅层稠油油藏的蒸汽驱开发具有重要的指导意义。

1991年9月，中国石油天然气总公司在克拉玛依召开稠油开发工作会议后，克拉玛依九区浅层稠油随即转入大面积蒸汽驱开发。

运用这套技术开发九区，1989—1991年，重油公司新井产能每年以30万吨的速度增长，1991年达到158.16万吨。

七、汽驱战役

深夜，万籁寂静，人们早已进入了梦乡。而重油公司研究所动态室里却灯火通明，不时传来一阵阵激烈的争论声。这里正在进行一场别开生面的讨论会。

重油公司总地质师康德激动地说："九1区重油大面积转汽驱在全国是先列，这次总公司把九1区汽驱阵地仗列为总公司级重点科研项目，是对我们的信任。大家谈谈想法和困难，看如何打好这一仗。"

动态室主任蒋福修接着说："这次大面积转汽驱确实存在不少困难，首先我们的锅炉日产汽能力有限，其次是注采井井筒附近油藏存在大量冷凝水……"

"汽窜现象也是令人头疼的问题，也许我们可以借鉴一些先进工艺进行封堵。"有人补充说。

大家你一言我一语，纷纷想办法找对策，争论十分激烈。他们中有一位叫霍进的年轻技术员，他当时年仅24岁，刚参加工作1年，但从此与稠油开发结下了不解之缘。

这一天是1991年8月7日。从这一天开始，1984年最早投入蒸汽吞吐开发的稠油区块——位于准噶尔盆地西北缘的九1区，在全国各个稠油油区中第一个率先进入面积蒸汽驱开采新阶段。

一场蒸汽驱阵地仗拉开帷幕。

然而，虽然先导试验取得了成功，但稠油蒸汽吞吐转入蒸汽面积驱的工艺技术仍十分复杂，各种难题摆在科研人员面前，在国内又没有可借鉴的经验，他们唯有一个个自主攻克。

重油公司研究所工艺二室主任、高级工程师谢济农年近六旬，带领全室5名同志日夜奋战。从方案编制到现场调查，从工艺流程改造到蒸汽计量装置的调试安装，谢济农都身先士卒，不顾年高体弱，每天冒着超过40℃的高温，在井场奔波十几个小时搞试验，终于摸清了从锅炉房到计量站到油井的各种工艺流程、管汇分布情况，为转蒸汽面积驱打下了基础。

蒋福修于1991年6月刚刚走马上任动态室主任，日常繁忙的研究工作之余，为了提高研究人员的工作能力，更好地对油藏进行动态分析，他在科

◀2017年3月4日，重油公司采油作业二区稠油生产现场，远处正在运行的注汽锅炉与密密麻麻的抽油机正在繁忙作业。（闫勇 摄）

▲ 2020年9月27日，重油公司采油作业二区原油生产现场，SAGD技术已经开始在老区稠油的新建产能区块推广开来。（闵勇 摄）

室搞起了劳动竞赛，定期组织动态分析，带领全室人员开展"你讲我听、我讲你听"的经验交流活动。

重油公司研究所科研人员霍进和他的同事们利用非凝结气体增能隔热的特性反复试验比对，终于找到了针对不同黏度级别油井的系列产品配方。通过加强油井差异化的管理，他们把油井蒸汽吞吐周期延长5轮以上，加热半径由20米扩展至35米。他们研制出"聚能增压"系列产品，为蒸汽吞吐转蒸汽驱创造了条件。

一转眼3年过去了，这3年里，这些科研人员每天大部分时间都是在这样艰辛的攻关中度过的。

功夫不负有心人，通过3年的努力，克拉玛依油田在浅层稠油蒸汽驱开采特征、影响汽驱效果因素、蒸汽吞吐开采后转汽驱的时机、汽驱合理的井网井距、注采参数优化以及改善汽驱开发效果的技术措施等方面形成了一套比较完整的技术和经验。从吞吐到汽驱两大课题共完成26个攻关专题，取得了39个研究成果，其中有5项达到国际水平，有10项达到国内先进水平。

八、再遇挫折

新的问题又接踵而至：大面积转入汽驱后，仍有一部分油井增产效果不如人意。这是什么原因呢？

重油公司副经理兼总地质师陈荣灿想了许久找不到原因，他在脑海里细细过滤了一遍生产井的情况，此时，一个问题冒了出来：吞吐法采油是在同一口井上注汽，同一口井出油，而蒸汽驱则是注汽、采油各司其职，蒸汽驱采油效果不如人意，是不是与井距有关？

"是的，井距如果过大的话，蒸汽波及不到，当然影响增产效果。"这个想法的出现，让陈荣灿有恍然大悟之感。他一头扎进资料堆里，在国内外相关信息中搜寻有关井距对蒸汽驱开采效果的影响的案例，果真发现了线索。他立即向领导申请到国外有关油田进行考察。

1995 年，重油公司派人到国外油田实地考察发现，国外油田蒸汽驱有效半径仅为 30 ~ 40 米，而克拉玛依油田九 1 ~ 九 6 区的井距是 100 ~ 140 米。虽然在进行先导试验期间，研究人员已经考虑过井距大的问题，但九区的井距还是比国外大了 3 ~ 4 倍。

考察回来后，陈荣灿心里有了底：在蒸汽驱试验成功的基础上，进一步加密井网，有望提升蒸汽驱的开发效果。

九 1 ~ 九 6 区打加密井的方案很快获得批准。进入现场实施阶段后，陈荣灿干脆吃住在了九区生产现场，一住就是三百多天，有时忙起来，他甚至经常不回家，而他的家就在离九区只有十多千米的克拉玛依市区。

1998—1999 年，九区加密井投产达到高峰，两年中分别投产加密井 577 口和 636 口。打加密井最终还使躲在死角的资源得以开发利用。仅这一项挖潜措施，就使该区新增可采储量 775 万吨，建成产能 76.5 万吨。

加密井方案的实施彻底改变了蒸汽驱采油效果不太理想的状况，1999 年，占总数不到三分之一的汽驱井完成原油产量 92.8 万吨，接近当年重油公司原油总产量的一半。

大井距与蒸汽驱有效半径的矛盾得以解决，这些区块的采油速度很快就由 1995 年的 1.2% 提高到了 2000 年的 2.14%；油量综合递减也由 1995 年的 5.5% 降低到 1999 年的 -3.4%。这一正一负，正好相当于该区增加了 8.9% 的原油产量，净增原油十万多吨。

汽驱采油还使热能得以充分利用，1995 年，在九区每吨蒸汽仅能换来 0.12 吨原油；到了 1998 年，每吨蒸汽可以换来 0.23 吨原油，几乎增产一倍。

1998 年，重油公司原油产量由上年的 144.3 万吨提高到 156.2 万吨，1999 年则又上升到了 192 万吨。

重油公司靠打加密井这个挖潜措施就使原油年产量连上三个台阶，一举成了新疆石油管理局首屈一指的产油大户。

九、综合治理

油田开发到一定阶段，必然会迎来产量递减，稠油开采更是如此。

1992—1996 年，重油公司每年的原油产量在上升，但油田生产已逐步步入递减阶段，虽然油井井数由 1991 年的 1925 口增加到 1996 年的 2972 口，但是新井产量已不足以弥补老井的综合递减。

于是，为进一步提升开发效果，克拉玛依石油人通过持续的科技攻关开始对实施蒸汽驱的油藏进行综合治理。1997 年，针对存在的问题，重油公司成立了浅层稠油蒸汽驱配套技术攻关项目组，总地质师陈荣灿、副总地质师霍进负责项目攻关。

刚刚工作 4 年、已成长为技术骨干的黄伟强是攻关项目组的一员。废寝忘食、加班加点对每一个一线地质研究工作者来说，早已成为家常便饭。

重油公司机关所在地在克拉玛依市区友谊路的最北面，黄伟强的家在市区南面，距离单位有点远，但即使是大风天，他也会骑着自行车去单位加班。

◀ 2013 年 7 月 31 日，石油工人在稠油生产区块开展多介质辅助蒸汽吞吐试验。（油田公司企业文化处供图）

怀里总是抱着一堆图纸，是黄伟强给人留下的最深的印象。

攻关项目组成员从如何提高油藏动用程度这个问题入手，紧紧围绕优化生产方案、吞吐中后期增产增效、蒸汽驱综合治理、提高经济可采储量等关键因素，在稠油开发关键技术上取得一个又一个突破。

通过两年连续实施的蒸汽驱综合治理方案，克拉玛依油田的重油生产区油量综合递减被控制在7%以下，比全国同类老牌油田——辽河油田还低3个百分点。结合前期的研究，这一时期的技术研究取得了丰硕成果。

摸索制定出了一套稠油油藏注蒸汽开发动态监测技术规定和国家行业标准，形成了浅层稠油、超稠油油藏较成熟的蒸汽驱综合治理、管理模式及开发配套工艺技术，达到国内领先水平。

到2000年，六、九区蒸汽驱开发规模已达到605个井组2072口采油井，汽驱年产量达92.8万吨，真正实现了大规模工业化蒸汽驱开采，成为国内第一家且最大规模成功实现蒸汽驱开采稠油的油田。

2000年以来，重油公司共实施蒸汽驱综合治理909个井组，累计增油3.5万吨，节约蒸汽291.4万吨，创产值1.63亿元，汽驱年油汽比保持在0.2以上，取得了显著的经济效益。

2001年，蒸汽驱开采技术在中石油股份公司油气田技术座谈会上发表。由霍进主持的《六、九区重油油藏蒸汽驱开采技术》项目，经专家评审，其技术和开发水平已达到国内领先、国际先进水平，六、九区被集团公司评为

◀ 2018年1月27日，石油员工正在重油公司稠油生产区块检查注汽锅炉的设备运行情况。（闵勇 摄）

高效开发油田。

2002 年，重油公司在没有新井投产的情况下，超额完成全年 120.9 万吨生产任务。也是在这一年，黄伟强顺利取得西南石油学院石油与天然专业工程硕士学位。

此后相当长的一个时期，蒸汽驱成为克拉玛依油田稠油油藏开发的主要技术手段。

十、矛盾再现

克拉玛依油田稠油油藏注蒸汽开发技术进行到蒸汽驱阶段，是否一劳永逸了呢？当然不是。

到了 2008 年，克拉玛依油田稠油主体开发区块进入高含水、高采出程度的开发中后期。2011 年，进入中后期的油田递减进一步加大、含水进一步上升，重油公司原油年产量跌破 100 万吨。

中后期是稠油开采矛盾最突出的时候，平均采出程度只有 25%，采出液中的含水率超过了 85%。也就是说，利用蒸汽驱技术只开采出了地下已探明稠油的 25%，而采出液中又有 85% 是水。

但是这是什么原因造成的呢？这需要从克拉玛依油田稠油油藏的"先天不足"说起。

克拉玛依油田稠油油藏属于砂砾岩特稠油，为多重孔隙结构，与国内外其他油田相比，非均质性更强、原油黏度更高，地下油藏缝隙更多，到了开发中后期，就容易发生蒸汽窜流问题，大量蒸汽无效循环，导致蒸汽在储层中的波及体积不足 50%，进而影响采收率。

因此，蒸汽驱开发技术再次面临"升级"的需要，传统汽液两相驱替的模式，已无法解决克拉玛依油田这种高黏稠油的窜流问题。

此时，多相协同复合蒸汽驱开发技术被提上了试验研究日程。

什么是多相协同复合蒸汽驱技术？

我们知道常规的蒸汽驱技术是"两相"，即液相（采出液）、汽相（蒸汽），而多相协同复合蒸汽驱技术是在蒸汽中增加介质，除了液相和汽相，

还要加入固相的物质用于调剖，防止汽窜；增加如氮气等气相物质，帮助扩大蒸汽波及面积。这些介质进入地下油藏后各司其职，让蒸汽的热能在地下发挥最大的作用，从而达到提高采收率的目的。

做一个通俗些的比喻——

厨师炒一道菜，只放盐这一种佐料的做法，与加入花椒粉、耗油、酱油、醋、白砂糖等多种佐料的做法相比，哪一种方法做出来的菜更香呢？

十一、走向塔尖

看着从注汽井注入的蒸汽，又在采油井很快被采出来，霍进心里十分着急：这都是成本啊！

其实早在 1996 年，科研人员已经在为稠油油藏中后期开发做技术储备——多相复合蒸汽驱技术在那时已迈出攻关步伐。如何控制汽窜、提升驱油效果是主要的攻关方向。科研人员尝试使用了氮气 + 泡沫剂、尿素 + 泡沫剂等多相复合介质驱油。

结合过去的研究成果，针对进入开发中后期暴露出的汽窜问题，为进一步探索蒸汽驱中后期提高采收率的对策。从 2011 开始，黄伟强、郑爱萍等专家带领他们的科研团队和其他单位团队展开了联合攻关试验。

他们对九区开发了近三十年的老油藏进行取心再认识，开展多介质复合蒸汽驱机理研究，并开展蒸汽驱氮气泡沫调驱、二氧化碳复合驱等多项重大试验项目。

对每个正在开展的重大试验项目，科研人员结合地质资料和方案要求，对油层上部高渗层封堵，完成试验区油层封堵及射孔井段的优化，明确试验区监测资料录取方案，及时跟踪、分析、评价生产效果及存在问题；相关科室部门、作业区沟通协作，对试验区井组实施"特护"管理，开展油井查套找漏、井口改造、套损井大修、地面设备设施建设等工作，保证井况良好。

通过几年的不懈努力，到 2016 年，多相协同蒸汽驱技术逐渐趋于成熟，被大面积推广使用。

据时任重油公司党委书记、经理黄伟强介绍，这项技术是位于注蒸汽开发技术这座"金字塔"塔尖的一项技术，克拉玛依已达到国际领先水平。目前，在这项技术上，克拉玛依油田主要取得了两个方面的核心成果：

一是自主研制了系列配套的实验设备，建立了蒸汽窜流的识别模型，形成了蒸汽流场与地层剩余油分布的快速智能化识别技术。

也就是说，这一成果是"发现问题"：地下蒸汽流窜到哪里，地层剩余原油分布在哪里，我们都能通过相关技术识别出来。

二是自主研发出了高温调堵防窜产品和多介质复合驱系列产品，解决了蒸汽流窜通道的封堵和蒸汽波及面积的增大两大难题，创建出了多元多相逐级有序的储层改造方法。

也就是说，这一成果是"解决问题"：地下油藏储层孔隙多，蒸汽易通过孔隙到处流窜，使用以炼钢废渣为原料的高温调堵防窜产品，彻底解决了大孔道、超大孔道窜流严重、封堵成本高的问题；多介质复合驱系列产品，与单一蒸汽介质相比，波及体积由 40% 提高到 85%，驱油效率提高 19.2%；多元多相逐级有序的改造方法，则能够将两相蒸汽驱后剩余在多孔介质中的绕流油

▲ 2020 年 9 月 27 日，重油公司采油作业二区，一名技术人员对抽油机进行恢复生产作业。（闫勇 摄）

和滞留油开采出来。

上述技术的应用，改写了稠油开采生命周期的行业标准：突破了转蒸汽驱油藏的上限，修订了浅层稠油蒸汽驱的筛选标准，拓展了蒸汽驱的开发领域。

与此同时，使地质情况十分复杂的准噶尔盆地西北缘浅层稠油采收率达到了65%，比国内同类油藏高出20%。

试验成功的那一刻，看着那些原来只出汽出水的油井井口产出来"黑金"般的原油，现场的采油工们欢呼雀跃，他们脸上露出的笑容和对科研工作者们充满信任的目光，让霍进一直铭刻于心。

是持续的科技创新，让准噶尔盆地广阔的稠油开采区域不断焕发着生机！

而这持续不断的科技创新，一直在围绕着"蒸汽"这个稠油开采的灵魂进行。

成亦蒸汽，败也蒸汽；败亦蒸汽，成亦蒸汽！

正是在与蒸汽的缠斗中，克拉玛依的石油科技人员最终驯化、掌握了"蒸汽"这一法宝，突破了一个又一个难关，使克拉玛依油田的浅层稠油开发不断迈入新境界！

蔡晓青

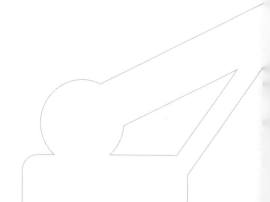

第六篇

升级SAGD『革命』超稠油

——克拉玛依油田研究新一代SAGD技术开发超稠油纪实

▲ 2020年9月21日，风城油田作业区重1井区，一座座高大的新式抽油机，矗立在高低起伏的雅丹地貌之上。目前，SAGD新技术已在风城油田规模投用。（戴旭虎 摄）

　　乌尔禾是克拉玛依市下辖的一个区。乌尔禾境内有举世闻名的雅丹地貌——"世界魔鬼城"。这些奇形怪状的"魔鬼城堡"的土丘是亿万年来被狂风雕琢而成的，所以"魔鬼城"又叫风城。

　　在乌尔禾荒凉的地貌下面，蕴藏着大量的稠油。这里的稠油黏度极高，所以叫超稠油。在这里开发稠油的油田，就是归于"克拉玛依油田"这个广义概念下的风城油田。

　　开发建设风城油田的，是新疆油田公司下属的风城油田作业区。

　　风城油田的超稠油资源开发，曾困扰了克拉玛依石油人很多年。

　　因为这里的超稠油油藏地质条件和物性都很差：黏度超高、渗透率极低、丰度极低、油藏非均质性极强、埋藏很浅。

　　通俗来讲，那里地下的稠油像红糖一样，几乎是固态的，渗透性很差，油层里杂质很多，单位内含油量也很低。

　　几乎所有不利于效益开发的缺点，风城超稠油油藏都具备了，要想利用在克拉玛依油田其他区域采用的蒸汽驱开采方式来开发风城超稠油，难度极大。

　　从20世纪90年代初以后的15年时间里，这里的超稠油开发被加拿大石油公司、法国道达尔公司、美国雪佛龙公司这三大国际石油公司相继判了

"死刑"，被列为"禁区"。

但是，克拉玛依石油人却不信。2008 年起，经过 4 年的艰苦奋斗，他们创新性地探索出了双水平井蒸汽辅助重力泄油技术，简称双水平井 SAGD 技术，为风城油田 3.6 亿吨超稠油开发找到了"金钥匙"，破解了超稠油开发的世界级难题。

在新疆油田公司之前，世界上类似条件的油藏从未有过商业开发成功的先例。即使是现在，新疆油田公司也是唯一成功的。

一、五上五下，"稠油"开发使人愁

风城油田的超稠油早在 1958 年就被发现了。但在 20 世纪中叶技术条件有限的情况下，这种基本上为固体的不流动的油，根本无法开采。

直到 1989 年，新疆石油管理局为了取得风城稠油的黏度、产量等基础相关资料，曾在这里打过一口直井进行试验，发现日产油只有一两吨，而且，一口井开井还没抽两天油，抽油杆就被凝固在井里面无法动弹了。

风城超稠油开发第一次被迫放弃。

1990 年，新疆石油管理局的决策层想请外援再试，邀请了加拿大石油公司的专家来风城商谈合作开发事宜。但是，对方测量了风城的超稠油油藏后使劲儿摇头："油太稠了，物性也很差，动用不了。"意思就是，以他们的

▲ 2017 年 2 月 15 日，风城油田作业区部分新建产能区块已经投入采油作业。SAGD 技术的不断攻关和先导试验区屡获突破，使得稠油乃至超稠油实现了规模性开发。（吴小川 摄）

技术来衡量，风城超稠油资源开采不了，没有任何开采的经济价值。风城超稠油开发被国外大石油公司第一次判"死刑"。

其实，这很好理解。

风城稠油是陆相油藏，物性和储藏条件都很差。而加拿大的稠油以海相油藏为主，物性和储藏条件都很好。

"用道路来比喻，加拿大的稠油油藏就像是高速公路，风城超稠油的油藏就像是山间小道，开发就像在这两条道路上跑车，差距就是这么大，一点都不夸张。"中石油集团公司高级技术稠油专家、新疆油田公司勘探开发研究院企业技术专家孙新革说。

也就在 1990 年，孙新革大学毕业被分配到新疆石油管理局勘探开发研究院，从事稠油开发研究工作。4 年后，也就是 1994 年，不甘心的克拉玛依石油人又把风城超稠油区块的研究捡了起来，再次进行了评估。该项目的方案《风城超稠油水平井 FHW001 油藏工程方案》正是孙新革独立完成的。

他们用直井和水平井组合方式来进行注蒸汽开采——横着钻穿油层，可以比直井数倍、数十倍地增加采油面积。这是中国陆上第一口斜直水平井。

果不其然，这口井日产量是直井的 5 倍以上。但这口井采了 6000 吨油之后就停了。因为井眼是斜的，所以修井作业和维护设备、零件、工艺也得使用配套的装备和技术，新疆石油管理局根本扛不起这样的生产成本！

虽然无法实现经济开采，但是通过这口井，孙新革他们也有了很大收获："至少证明了水平井注汽吞吐是可行的，是有希望的，并且我们也取得了许多宝贵的试验资料。"

这一停，长达 7 年。

2001 年，随着克拉玛依油田产量即将突破 1000 万吨，新疆油田公司又对风城超稠油开发产生了兴趣。这一次，他们邀请了法国的道达尔公司前来商谈合作开发事宜。

经过评估，道达尔公司给出的结论和 7 年前的加拿大石油公司一模一样。

风城超稠油开发被国外大石油公司判"死刑"，这是第二次。

又隔了 4 年，2005 年，新疆油田公司又邀请了美国的雪佛龙公司前来商谈合作开发事宜，结论依然如故。

风城超稠油开发被国外大石油公司判"死刑"，这是第三次。

二十多年时间，风城超稠油开发五上五下，命运多舛。

孙新革说，在新疆石油管理局开发历史上，这种情况是前所未有的，在

◀ 2020 年 9 月 21 日，风城油田作业区二号抽油联合处理站，技术人员正在对稠油采出液进行含水率检测。（闵勇 摄）

中国石油开发历史上也是极其罕见的。

但这也确凿无疑地证明了一个最重要的结论：风城浅层超稠油开发是世界级难题。

二、别无选择，SAGD 进入视野

2006 年年底，勘探开发研究院开发研究所副所长孙新革如往年一样，早早完成了下一年各种稠油的开发方案制定。

以往，每年稠油的新建产能大概 70 万吨，就能保证稠油年产 400 万吨持续稳产。但这一年，因为稀油发现的储量很有限，新疆油田公司 180 万吨产能计划尚有 30 万吨缺口。

为此，孙新革带领同事们选择了风城油田超稠油区块，在黏度较低、大家都认为可以开发的重 32 井区部署了 30 万吨产能建设，并主持完成《风城油田超稠油整体评价》方案。

当时，有的井打的是直井，有的井打的是水平井，采用蒸汽吞吐或蒸汽驱的方式进行开采。2007 年初，重 32 井区投产初期，产量不断提高。但没过几天就出问题了，要么抽油杆承受不住断裂，要么抽油泵被堵塞，导致大面积停产。

技术人员只好采取加重抽油杆、提高蒸汽干度等方法，终于把问题暂时解决了。

孙新革他们很快意识到，这种开采方式很难行得通，因为能量消耗太大，效益很差。

但是，新疆油田公司的生产形势开始发生恶化。按照老区产量递减趋势，如果新的产量不能及时补充进来，就很难继续保持 1000 万吨年产量。对新疆油田公司和克拉玛依市来说，石油产量一旦持续进入下滑通道，谁都明白意味着什么。

新疆油田公司决策层再次将目光转到了风城超稠油上面。

2007 年 7 月 17 日，油田公司副总经理杨学文召集油田公司工程技术处、开发处、评价处、勘探开发研究院、采油工艺研究院等单位相关负责人刘明高、钱根葆、张学鲁、周红灯等讨论稠油产能建设问题。

杨学文说："目前，我们新疆油田公司稠油年产量400万吨左右，风城油田超稠油资源再不开发动用，按现在油田公司已动用稠油开发资源的递减速度，两三年后，稠油年产量将逐渐下降到200万吨以下。所以，我们必须要有忧患意识……"

400万吨稠油年产量不保，新疆油田公司将难以稳产千万吨。这番话让在座人员感受到了巨大压力。

在场的孙新革建议："要想有效开发超稠油资源，只有启动SAGD！"

什么是SAGD呢？SAGD是"蒸汽辅助重力泄油"技术的英文简称，是一种将蒸汽从位于油藏底部附近的水平生产井上方的一口直井或一口水平井注入油藏，被加热液化的稠油和蒸汽冷凝液利用重力作用流到油藏底部的水平井，然后被采出的采油方法。

早在20世纪70年代末，加拿大石油专家就研究试验并推出了SAGD技术。1998年，"国际第十届重油及油砂大会"上，加拿大与会专家利用多媒体介绍并宣称，"利用SAGD技术，可以将超稠油采收率提高到50%以上"。这个信息让孙新革感到不可思议，因为采用传统的注蒸汽热采技术，超稠油采收率均在20%左右。

后来，孙新革密切关注并不断收集有关SAGD技术的信息和发展动向。他了解到，2005年，在中石油股份公司的支持下，辽河油田从加拿大引进

◀ 2020年9月21日，风城油田作业区二号稠油联合处理站，工艺技术人员正在对稠油采出液进行含水率检测。（闫勇 摄）

SAGD 技术进行先导试验，获得成功。

孙新革关于"采用SAGD"的建议，让杨学文兴奋不已，他说："SAGD 代表着当今世界超稠油开采的最新技术。既然这条路早晚都要走，我看，早走比晚走要好。"

由此，SAGD 技术正式开始被新疆油田公司纳入重要的攻关议程。

三、从零起步，先导试验正式启动

2007 年年底，新疆油田公司开始着手 SAGD 先导试验的准备，试验区域就选在风城油田的重 32 井区。

作为长期从事稠油研究，并对风城超稠油资源油藏各方面非常熟悉的孙新革，毫无悬念地被选中承担起编制《新疆风城油田超稠油 SAGD 开发先导试验方案》的重任。这一次，他们是和中石油勘探开发研究院合作。

但是，SAGD 的核心技术是什么？方案编制该如何入手？不要说其他科研人员，就是孙新革，也仅仅进行过很浅显的摸索研究。

山大的压力没有让孙新革和同事们退缩。他们查阅一切可以找到的国外文献和论文，可是，却没有查到任何有关 SAGD 核心技术的内容，只有油藏深度、厚度、黏度等寥寥几项最基础的概念。

孙新革等人傻眼了："数模都没做过，只能看着别人最简陋的示意图依葫芦画瓢，也就这种水平。"

2008 年 2 月 28 日，新疆油田公司召开了一年一度的"油田开发工作会议"，更把孙新革他们的工作提到了一个新的高度。

会议在介绍 2008 年生产任务必须面对的困难时是这样说的：评价动用风城超稠油资源，是新疆油田公司持续发展的需要，也是产业下游企业——炼油厂生存与发展的需要。目前，我们的稠油年产量 400 万吨左右，如果不开发动用风城超稠油资源，两三年以后，产量将逐渐递减到 300 万吨以下。400 万吨炼油厂的处理装置不能满负荷生产，企业经济效益将受到影响。所以，风城超稠油开发试验迫在眉睫，此项工作意义重大。

无数个日日夜夜，孙新革和同事们几乎没有休息日和业余生活，一头扎进探索 SAGD 的工作中。

2008 年 5 月，经过半年艰苦的思索与准备，新疆油田公司和以中石油集团公司高级技术专家马德胜为首的集团公司勘探开发科学研究院团队联合编制的《新疆风城油田超稠油 SAGD 开发先导试验方案》终于完成。

5 月 12 日，汶川大地震发生，孙新革一辈子都不会忘记这个日子。当天上午，在北京中石油总部，在油田公司副总经理杨学文等领导的带领下，孙新革代表新疆油田公司向二十多位专家整整汇报了 4 个小时。方案最终顺利通过。

2008 年 7 月 31 日，在中石油集团公司重大开发试验工作会议上，《新疆风城油田超稠油 SAGD 开发先导试验方案》被评为重大开发试验项目优秀设计方案一等奖。风城油田浅层超稠油 SAGD 先导试验列为股份公司十大开发项目之一。

随着风城油田超稠油 SAGD 开发先导试验项目的正式启动，新疆

▲ 2012 年 5 月 15 日，风城油田作业区稠油生产基地上产区块，作业区原负责人和技术专家正在现场研究稠油开采技术和产能布局方案。（风城油田作业区供图）

油田公司将 SAGD 先导试验方案的采油工程部分交给采油工艺研究院负责。

根据先导试验方案，首座先导试验井区——重 32 井区内将部署 4 个 SAGD 井组，观察井 13 口，采用双水平井开采方式，水平井水平段长 400 米，在同一纵向剖面上垂直间距 5 米布一对平行水平井，形成一个 SAGD 注采井组。

接下来，科研人员加班加点调研国内外相关资料、编制采油工程方案，参与设计工艺、制造配套工具、外协技术谈判等诸多工作。他们还将方案设计与油藏、钻井、地面等各专业有机衔接，确保了采油工程总体高效、有序进行。

2008 年 10 月，重 32 先导试验区完工，2009 年 1 月 7 日正式投产。

四、全员驻守，"争吵"中摸索前进

为确保项目顺利运行，从新疆油田公司到风城油田作业区，纷纷成立相关机构，力争打好这场攻坚战。

2008 年 10 月初，新疆油田公司成立"风城油田重 32 井区 SAGD 开发试验小组"，下设地质、工艺、现场三个专业项目组。

在 SAGD 开发试验小组下，新疆油田公司还成立了 SAGD 先导试验项目部，由开发公司第三项目部、勘探开发研究院、采油工艺研究院为成员单位，宋渝新任经理、张建华任副经理、孙新革任副经理兼总地质师、王泽稼任副经理兼总工程师。

承担现场试验重任的风城油田作业区为项目保驾护航，成立了以经理马国安为组长、副经理樊玉新为副组长的 SAGD 试验项目领导小组。

只是，他们谁也没想到，这一试验过程竟然长达 4 年之久，各种不可预知的问题和困难几乎每天都在上演。

在投产后的一年多时间里，孙新革、樊玉新等人几乎一直住在现场，随时监测各项数据、参数，随时指挥调控。

2009 年 1 月 21 日 20 时，SAGD 先导试验区 4 组水平井全部进入循环预热阶段，也就是将蒸汽注入油层进行充分加热。这个阶段完成后，就可以正式采油。按照加拿大的经验，这一阶段需要 3 个月时间。

其间，各项参数控制十分严格，稍有偏差，将无法达到先导试验的要求标准。

运行不到一个月，温度、井口压力、锅炉注汽等问题层出不穷，犹如"按下葫芦浮起瓢"。

在定期组织的 SAGD 先导试验技术研讨会上，开发公司、勘探开发研究院、采油工艺研究院、风城 SAGD 领导小组的专家、技术人员，将试验过程中不同环节出现的不同问题带到会上，共同切磋研讨。

大家各抒己见，都试图从各自的角度去寻找合理的解释。然而，因为当时谁都不了解这项技术，谁都说服不了谁，结果，探讨变成了激烈的"争吵"。

"争吵"归"争吵"，但这种"头脑风暴"，也使大家对 SAGD 技术不断取得新认识。

在一次次碰撞中，风城油田超稠油的油藏条件、物性、黏度，开采理念、方法、配套工艺技术，现场操作方法、实施流程等问题，逐渐清晰起来。

不知不觉，到了 2009 年 3 月底，双水平井循环预热将满 3 个月。参照加拿大的 SAGD 开发经验，此时差不多就到了采油阶段。

当大家满怀信心地将试验井转入生产采油阶段，并等待见油的时候，结果却让人大跌眼镜——采出液都是"泥汤汤"，哪有半点油的影子？

把"泥汤汤"处理后，大家发现含油量很低。

连续一周都是如此，大家的心再次沉到谷底。

此时专家们开始怀疑，相距 5 米的上下井之间的油层还没有完全加热。用专业的话来说就是：双水平井的上下井之间并没有充分连通，依靠重力泄油的通道还没有建立起来。

于是，这口井又重新被加热了将近两个月，一直到 2009 年 5 月，重 32 井区 SAGD 试验区第一口生产井才自喷产出了油。

这件事让孙新革意识到，参照加拿大开发海相均质稠油油藏的 SAGD

▲ 2020 年 9 月 21 日，风城油田作业区 SAGD 一号采油站稠油生产现场，一座座竖式抽油机高高耸立。（闵勇 摄）

经验设计的方案，并不适用于风城的陆相非均质超稠油油藏，也说明他们对风城超稠油油藏认识还不深入。

五、试验升级，先导试验再次启动

由于重 32 井区先导试验不断出现问题，新疆油田公司决策层经过研究讨论，决定在更有代表性的重 37 井区做双水平井 SAGD 先导试验。

相较于重 32 井区，重 37 井区先导试验区的油藏深度更深一些，物性条件更差一些，油层厚度更薄一些，黏度更大一些。

2009 年 8 月 14 日，新疆油田公司启动风城油田重 37 井区 SAGD 重大

开发试验。

　　有了重 32 井区的试验经验，重 37 井区开发试验方案工艺更加合理，流程更加简单，同时实现了关键设施、设备从依靠外援到自主研发。

　　按照《重 37 井区 SAGD 先导试验方案》，重 37 井区先导试验区部署 7 对半水平井井组，24 口观察井、2 口直井。

　　为解决油井套管下入困难、采油泵沉没度不够等问题，重 37 井区先导试验在两对水平井中采用了"双水平井＋直井"的开采方案，水平井与直井联通，直井采油定向对穿。在国内，这也是开先河的超稠油开采技术。

　　从 2009 年 8 月 14 日开钻至 12 月中旬建成投产，重 37 井区 SAGD 先导试验区的建产周期仅仅用了 122 天。

2009 年 12 月 24 日，风城重 37 井区 SAGD 先导试验举行了投产仪式。

然而，虽然项目组已经做足了准备，但面对时间紧、零经验的现实，他们还是遇到了重重困难。

认识不到位就开展基础地质研究和储层建模分析；井组连通状况不好就更换生产管柱结构；为防止过多的热能被损耗，就进行高低压交替注汽……同时，大家严格遵守现场操作指令，规范录取各项资料，跟踪分析生产动态，生产调控规范到位，加强现场管理水平。

在 SAGD 开发试验过程中，克拉玛依石油人深深体会到，必须根据油藏自身的具体特征研究适合自己的操作模式，决不能盲目照搬国外成功模式。

针对双水平井 SAGD 采油工程难题，新疆油田公司勘探开发研究院、采油研究院、风城油田作业区、CPE 新疆设计院和中石油公司勘探开发研究院等单位的科研人员，在重 32、重 37SAGD 试验区积极开展技术攻关，开展循环预热工艺、均匀注汽工艺、SAGD 大排量举升工艺、SAGD 配套井口工艺、SAGD 注采控制工艺、SAGD 井下温压监测工艺等技术研究与试验，不断取得新突破。

他们在与时间赛跑，因为每一天的时间都是宝贵的。

◀ 2020 年 9 月 21 日，风城油田作业区稠油生产基地，一名采油工正在井区巡检。（闵勇 摄）

六、试验遇阻，新团队再迎挑战

2011年3月，春寒料峭、乍暖还寒，风城油田作业区迎来了新一任经理霍进、新一任党委书记周光华，这对陆梁油田的老搭档又一起相聚在风城这片热土上。

对于稠油开发，霍进再熟悉不过了，他本身就是资深的稠油开发专家。从1990年大学毕业进入重油开发公司到2007年5月以重油开发公司副经理兼总地质师的身份离任，他把最美好的17年青春年华都献给了克拉玛依油田的稠油开发事业。

然而，风城SAGD先导试验的形势，让新上任的霍进心情很沉重。

虽然经过两年多的先导试验，重32、重37两个试验区的多项关键技术都取得了突破，但依然存在着致命的问题：一是油层蒸汽腔发育缓慢，产量增长缓慢；二是油层水平段的动用程度差异很大，精细调控技术亟待进一步优化。

多数时候，这两个试验区11对半井的日产量都维持在110～120吨，离设计日产280吨的规模开发效益相距甚远。

SAGD项目要不要继续搞？不管是油田公司的领导和专家，还是现场项目组的人员，大家都感到很疑惑。

然而，根据新疆油田公司规划，2012年，风城油田必须大规模上产SAGD技术，否则日产400万吨产能就要落空了。

"风城SAGD试验不成功，日产400万吨产能就不可能实现，当时我非常愁，压力非常大。"霍进说。

把风城油田作业区各个单位调研了一遍之后，霍进对SAGD先导试验项目作出了3个重要决策：

一是告诉员工必须要坚定信念，相信SAGD项目一定能成功；

二是风城超稠油开发必须用SAGD技术，否则坚决不新建产能；

三是立即成立由霍进担任组长的作业区SAGD重大开发试验领导小组，同时组建SAGD重大开发试验站。

与霍进前后脚进入风城油田的是魏新春、桑林翔，他们两人此前分别在重油开发公司从事过 23 年、12 年稠油开发相关工作，调到风城油田后分别担任重大开发试验领导小组办公室主任、副主任。

SAGD 重大开发试验站成立后，魏新春又担任站长。桑林翔担任作业区地质研究所副所长、开发总监。但对于 SAGD 技术，他们也不知道是怎么回事，完全"两眼一抹黑"。

要想继续做好 SAGD 先导试验工作，必须先学习和熟悉 SAGD 技术。在霍进的要求和指导下，一群年轻的技术人员开始专职大量收集国外有关 SAGD 的文献资料，并进行翻译和整理，然后融会贯通加以消化吸收。

他们夜以继日地工作，经过几个月的努力，终于将 SAGD 的技术、参数、工艺等资料翻译成厚厚的三大册。同时，他们还把 SAGD 的技术规程、操作规程、管理制度等从无到有全部制定了出来，形成另一个完整的 SAGD 开发操作手册，为 SAGD 后期井发奠定了坚实的理论和制度基础。

但是，多头管理、队伍薄弱、稠油开发经验缺乏等问题仍没有解决。

作为当时的 SAGD 重大开发试验站站长，魏新春遇到的一大难题就是蒸汽保障不足的问题。因为当时为 SAGD 试验项目生产蒸汽的供热站并不

▲ 毗邻乌尔禾区"世界魔鬼城"景区的风城油田作业区稠油生产基地呈现出勃勃生机。（桑圣江 摄）

归风城油田作业区管理，而是归另一个采油厂管理。

"蒸汽锅炉一天能停10次，根本无法保证蒸汽质量。一旦锅炉停汽，就需要通过各种方式去协调，特别麻烦。"魏新春说。

同时，当时SAGD试验站的人手也不足，但是干事业又需要人手。

为了解决这些难题，霍进向新疆油田公司申请，将供汽站和重油公司二区整体划转到风城油田管理。这个建议很快得到了批准。2011年7月，这两支队伍正式划归风城油田作业区。

这两个单位划归完毕后，风城油田作业区立即人强马壮，总人数由六七百人一下子增长到上千人。

蒸汽质量有了保障，生产经验也有了提高，SAGD井产量也有了一定的增长，但日总产量依然只有一百四五十吨，距离试验目标差距依然很大。

七、认识模糊，低产谜团难破解

2011年5月，桑林翔又担任SAGD重大试验项目攻关小组组长，他带着杨果、刘名两名年轻的技术员组成了SAGD技术三人攻关组。

此前桑林翔向霍进汇报工作的时候，霍进说了这么一番让他至今心潮澎湃的话："我们既然来风城了，而风城产量也要上去，那关键技术就不能只依赖别人，风城人必须要掌握风城开发的关键技术。"

这句话让桑林翔等人倍感压力，但也劲头十足。

桑林翔带着杨果、刘名两人边干边学，边学边干，夜以继日地学习SAGD项目部历年来做的各种方案，研究SAGD技术理论、生产规律和现场的生产历史等海量的资料，又带领攻关组建立了两个试验区精细三维地质模型，从而加深了储层的认识。

按照SAGD技术理论曲线，油井上产初期产量不断上升，然后有一个很长的稳产期，最后进入减产期。

但桑林翔查阅所有试验井的单井生产曲线时却发现，这些井的产量全都是起起落落、上下起伏，很不稳定。他们还发现这些井的调控都特别频繁，一天调整好多次。为什么会这样呢？桑林翔始终找不到头绪。

▲ 2020年4月15日，风城油田作业区稠油生产基地，石油员工正在钻井平台上作业。（闫勇 摄）

参加项目组的讨论会时，魏新春、桑林翔和一些去过加拿大的专家闲聊时对方提到，加拿大一个年产几十万吨的采油厂，一个SAGD采油站只有十几个人。

这让桑林翔一下子感觉快要抓住问题的"命门"了，他当时就断定：像风城SAGD井这种调控频率，在加拿大无论如何也做不到，而且这么麻烦的事情"老外"肯定也不可能这么干，"一定是我们哪里做错了。"

2011年7月的一天，重37先导试验区106井突然出现"异常"情况：生产井井口温度突然下降，产油量突然明显上升。

项目组人员开会讨论后，依然沿用以前的方法进行调控：井口温度下降，调大油嘴，提高采液量；井口温度升高，调小油嘴，降低采液量，使井口温度保持在一个可控范围内。

但提液后产量反而降下来了。于是，106井再次回到了低产的老路上。

"为什么出现这种现象？"桑林翔询问其他专家时，对方答复："这种现象以前就有，可能是泄油不均匀。一股子冷油下来了，采完就没有了。"

对于这样的解释，桑林翔当时认为是正确的。

4个多月后，桑林翔才恍然大悟：他们错过了一次摸清楚生产调控原理的绝佳机会。否则，风城油田的SAGD先导试验就可能提前几个月宣告成功。

八、自喷存疑，SAGD 全井转抽

在 SAGD 项目各项工作推进的过程中，霍进很快又发现了另一个令他不能理解的现象：两个先导试验区的 11 对半井组，只有 2 个井组是机抽井，剩下的都是自喷井。

魏新春和桑林翔也同时注意到了这个问题。但一前一后有两位外国专家在查看现场的时候，也对此持否定态度。

第一位说："我在国外没见过 SAGD 自喷井，这不叫 SAGD。"

第二位也说："这不是 SAGD，转抽才叫 SAGD，必须转抽。"

机抽和不机抽的差别在哪里？国外的专家也没有说明原因，但大家当时都有一个感觉，这可能是提高产量的一个关键点。

可霍进心里却很清楚："自喷井靠压差，消耗的就是注入油层汽腔的能量。如果用抽油机抽，把汽腔的能量节省出来，就可以把更多的能量用来采油。"

在这个过程中，魏新春、桑林翔等人通过研究生产情况，也发现了自喷井和机抽井的规律：在一定范围内对自喷井提压是可以提高产量的，超过一定压力，注再多的蒸汽都提高不了油量，但是采用机抽就比较稳定可控，产量更高。

于是，霍进果断作出了一个重大决定：SAGD 先导试验区的油井全部转抽。这个决定很快得到了新疆油田公司决策层和专家的认可。然而，看似一句简单的"转抽"，所需要做的工作量却是巨大的。

由于当时还处于先导试验阶段，SAGD 井的很多指标、参数都无法确定，需要的抽油机、管柱、井口等关键设备的型号、规格、性能也无法确定，而市场上的产品种类也都不一样。

开会讨论、论证、请示、确定……一个多月的时间里，经过紧张的准备，这些基础而又重要的工作终于准备就绪。

此时，已到了 2011 年的 9 月底，SAGD 自喷井转抽工作正式开始，10月初，经过一个星期的施工，第一口转抽井完成排液工作，第二天进入转抽，眼见就要大功告成，当时天色已晚，气温较低，很多技术人员便商量第二天再进行作业，魏新春也没坚持，便让大家收工回去了。

第二天早晨大家来到井上时全都吓傻了：井凉了，几十米的管柱全被稠油凝固住了，设备无法启动，转抽无法继续。

"如果昨天连续施工干完就好了。"看着这种情况，所有人都很后悔，但是为时已晚，只好重新返工。

经过又一星期的施工，这口井的转抽工作才算结束。

通过这次教训，魏新春也总结出了经验：要转抽，必须连续施工，什么时候都不能停。

到11月初，所有 SAGD 井的转抽工作结束。而转抽的效果也比较明显，两个试验井区日产油逐渐上升到 178 吨。

▼ 2018 年 9 月 10 日，风城油田作业区稠油生产区块产能建设如火如荼。（吴小川 摄）

九、背水一战，不解"密码"誓不还

转抽为 SAGD 井的生产打下了良好基础，但低产的问题还没有从根本上得到解决。

而根据新疆油田公司的规划，2012 年风城油田就要大规模推广 SAGD 技术。

当时间一点点临近，大家就越来越焦躁不安。

在 SAGD 调控技术陷入困境之时，霍进一次次鼓励大家："我们是在进行世界级先进技术的攻关，这项技术，加拿大搞了 15 年，辽河油田两下三上 12 年。可以说，我们风城油田才刚刚开始，超稠油开采是世界级难题，攻关过程中遇到这样那样的问题在所难免。我相信，SAGD 技术在国外能够成功，在中国也能够成功。辽河能够成功，风城就一定能够突破！"

为尽快揭开提高产量的"密码"，承担地质研究重任的桑林翔和杨果、刘名三人几乎把除了睡觉、吃饭的所有时间投入在了工作上，每天工作时长达 16 个小时以上。

桑林翔早已豁出去了，他跟刘名和杨果说："搞不成我就不回市区了，你们两个人每周轮流回市区，留下一个人陪着我就行。"

2011 年 9—12 月，桑林翔的妻子到南京市挂职，5 岁的女儿只能放到岳父岳母家照顾，此后 4 个月多时间，桑林翔只和女儿见过 3 次面。虽说是见面，也仅仅是看一眼。

有一天，桑林翔白天加完班，晚上去看女儿，可是女儿瞅了他一眼就迅速跑开了，连一声"爸爸"都没喊！那一刻，桑林翔心里很不是滋味儿。

有一次，新疆油田公司机关一个部门让桑林翔回机关汇报工作，却被桑林翔果断拒绝。

十、异常再现，坚持己见找"密钥"

他山之石，可以攻玉。

为了 SAGD 先导试验取得突破，2011 年 10 月 23 日，霍进率领魏新春、桑林翔、蒋能记等 22 位技术人员前往辽河油田考察，对方毫无保留地传授与讲解，给了他们很多启示。

此后，霍进把大部分时间和精力都投入 SAGD 先导试验技术攻关中。他与专家、技术人员不断探讨，到 SAGD 先导试验区与攻关小组的技术人员共同研究试验中出现的问题。

辽河油田之行，桑林翔也意识到两地调控技术上的差异，并坚定了他破局的信心。

2011 年 11 月中旬，106 井再次出现井口温度下降、产量提高的"异常"情况，日产油量从十来吨上升到二十多吨。

桑林翔不太敢相信："我们认为不是数据异常，就是设备原因，可能只是一个很短暂的时间。"也有人告诉他，这种情况以前见过，但他仍说："坚持不了多久。"

然而戏剧性的是，此时 105 井刚转抽完，井下的测温装置出现故障，桑林翔就让井焖了几天，才把测试管重新下到井底。

再抽油的时候，神奇的一幕再次出现：105 井和 106 井的状态一模一样——井口温度下降、含油量大幅上升，也就是所谓的"一股子冷油下来了"的现象。

"不对！"桑林翔和杨果、刘名一起讨论的时候兴奋地说："这里面肯定有门道。每次油井生产效果变好了我们就按照以前的认识提液，一个星期就恢复原样了。这么好的效果，我们认识不清楚还不如不动，看看是什么样子，看看它到底能坚持多久。"

直觉告诉桑林翔，这次很可能就能找到突破口。他决意不进行任何操作上的调整："失败的回头路不能再走了！"

没有采取任何调整措施的 105 井，便真的坚持稳定生产了十几天。

这种现象让桑林翔喜出望外，在讨论的时候他提出："也许不调整才是正常的生产状态，提液了以后会不会没有了 Subcool？"

Subcool 是指生产井井底流压对应的饱和蒸汽温度与流体实际温度的差值。SAGD 生产阶段操作参数的核心就是汽液界面控制，而汽液界面控制采

▲ 2017 年 4 月 30 日，风城油田作业区稠油生产基地原有的老式抽油机和新建的新式抽油机正在采油作业。SAGD 技术的攻关、试验和应用，加快了稠油生产老区和上产新区的开发进程。（闵勇 摄）

用的是 Subcool 控制方法。

这时候，桑林翔带领小组人员就开始着手计算、推算。通过对井下操作压力、温度等参数进行比对，他们自己总结了一套计算 Subcool 的观点——以汽腔供液能力为核心控制产液量。

也就是说，在生产井上面和注汽井下面要形成一个油水混合物的池子，这个池子要达到一定的深度，能堵住所有蒸汽向生产井窜流的通道，建立合适的井下汽液界面，提高整体采油效果，但要想验证这种认识，就必须再进行推广验证。

最终桑林翔寻人决定再把这种方法运用到 104 井进行验证。

当时，104 井日产液量 90 吨左右，但含油量只有 8 ~ 10 吨。按照桑林翔的方法判断，这口井发生了严重的汽窜，但也有其他专家认为这是正常的。

因此，他就按照自己的想法制定了一个建立汽液界面的方法，主要是先逐步降低注汽井的蒸汽量，再控制生产井的采出液量，监测井下温度变化。

日采液量是试探性地缓慢控制降低的。90 吨、80 吨、70 吨……眼看着多日的调整见不到效果，桑林翔面临的压力越来越大。

但霍进不但没有任何责怪，反而鼓励说："如果找到门道，觉得对，就大胆去试、去调、去干就行。"

当将日采出液降到 40 吨以下时，又过了一两天，期待已久的变化终于发生了——生产井口温度开始下降，采出液含水量也跟着下降，油量不断上升。

再通过调整，等日产液量提高到 60 吨的时候，产油量上升到 15 吨，比最初日产液量 90 吨的时候还高。

这意味着，井下汽液界面真正建立起来了！在那一刻，桑林翔他们的心终于放松下来了，几个月来的阴霾心情也一扫而空。

十一、五点认识，SAGD 扬名国内

先导试验的关键难题不断被攻克，霍进的心里也越来越有底气。

结合 SAGD 先导试验取得的一系列成果和开发特点，霍进总结提出了 5 点创新性理论认识，对 SAGD 后来的开发起到了至关重要的作用：

一是原油黏度不再是影响 SAGD 开发的主要因素；二是油层内部发育的不连续隔夹层对蒸汽腔的最终形成影响不大；三是 SAGD 能否成功动态调控是核心；四是持续增汽提液扩腔的思路是正确的；五是 SAGD 采出液温度高达 180℃ 是必然结果。

而长期以来，SAGD 的传统理论认为，原油黏度是影响 SAGD 开发的主要因素，油层内部发育的不连续隔夹层对蒸汽腔的最终形成影响很大，SAGD 能否成功不存在动态调控一说，持续增汽提液扩腔的思路是错误的，SAGD 采出液温度高达 180℃ 是异常现象。

这 5 点认识就像"拨开迷雾见月明"，突破了对 SAGD 的传统理论认识，解决了外界对风城 SAGD 先导试验长久以来的疑惑，掀开了风城超稠油开发的崭新篇章。

2011 年 11 月，中石油股份公司副总裁赵政璋来到风城油田考察。当霍进把这 5 点通俗易懂的认识向赵政璋等领导汇报完毕后，他们很震惊："你们这个认识太好了，水平太高了。"

"这 5 点认识，也让中石油股份公司领导坚定了开发风城超稠油的信心和决心，否则，风城超稠油开发很有可能就停止了。"霍进说。

一个月后的 2011 年 12 月 20 日，随着新调控方法的推行，日产油量大幅提高，两个 SAGD 先导试验区日产油突破 280 吨大关，这是项目组最初

▲ 2020 年 4 月 15 日，风城油田作业区稠油产能建设区块，石油员工正在钻井平台上奋战。
（闵勇 摄）

提出的产量目标。

SAGD 技术取得阶段性突破，使新疆油田公司有了为 SAGD 大规模工业推广的决心。

2012 年，SAGD 技术开始大规模应用于风城超稠油开发。风城油田作业区以春季上产大会战为契机，在重 32 井区、重 1 井区和重 18 井区 3 个 SAGD 开发区计划建日产能 13.5 万吨，开启了新一轮产能建设的大幕。

2012 年 6 月 28 日，重 32、重 37 井区 SAGD 井日产水平达到 325 吨，且重 32 井区 SAGD 平均单井组日产攀升至 45 吨，油气比 0.48，超过设计指标。当天下午，风城油田作业区召开 SAGD 攻关技术总结会。

在这次会议上，霍进首次全面系统总结了 SAGD 先导试验形成的 8 大技术，即"双水平井设计""双水平井钻、完井""高压过热蒸汽锅炉应用""机采系统优化""循环预热与生产阶段注采井管柱设计""水平井与观察井温压监测""高温产出液集输处理""动态调控"。

2012 年 7 月 15 日，标志着风城油田重 1 井区开启产能建设大幕的 SAGD 试验区首口生产水平井开钻。重 1 井区完钻控制直井 19 口，正钻生产水平井 FHW310P 一口。重 18 井区部署的 8 对 SAGD 双水平井及 6 口控制井已完成交接。这一天，重 32 井区 SAGD 已完钻 42 口，其中观察直井 19 口，水平井 23 口，正钻水平井 6 口。

2012 年 7 月 18 日，这是一个参与风城 SAGD 先导试验的克拉玛依油田人永远无法忘记的日子。

为庆祝 SAGD 开发试验重大突破，新疆油田公司总经理陈新发带领三十多位领导、专家来到风城油田作业区，将这个年度的首个总经理嘉奖令颁给了风城油田作业区，奖金金额也是历次总经理嘉奖中最高的。

总经理嘉奖令写道："今年以来，风城油田作业区紧紧围绕超稠油开发的核心技术，深入研究、精心调控，SAGD 开采技术及应用取得重大突破，形成了双水平井设计、高压过热蒸汽锅炉应用等 8 大主体技术，发明了 21 项专利，自主研制了 SAGD 双管井口、井口防喷密封装置等 11 种设备……充分证明了 SAGD 技术已具备规模化工业推广应用条件，为风城 400 万吨超稠油生产基地建设提供了技术与管理保障……"

陈新发进行了热情洋溢的讲话："SAGD 试验的阶段性突破，使风城稠油处于工业化开采状态，把几代石油人的愿望变成了现实。"

从 2012 年秋天开始，SAGD 先导试验捷报频传：

9 月 11 日，重 18 井区薄层 SAGD 试验井组 10 口水平井胜利完钻；

11 月 1 日，完成连续油管、测试管柱入井作业，试验区地面建设工程告成，投产前的一切准备工作就绪；

11 月 13 日，作业区当年 SAGD 产能建设最后一口试验井——FHW3089I 完井；

11 月 21 日，自动化升级改造实现突破，SAGD 先导试验区进入了"无线时代"，在重 32 井区建立的无线通信基站，实现了重 32 井区 SAGD 数据的统一便捷管理——风城油田即将进入 200 万吨年产的新时代！

十二、难题又至，循环预热再攻关

2012 年，SAGD 技术在风城进入工业化推广阶段。但是很多影响产量和效益的因素仍然存在。其中，循环预热启动周期长达 3 个多月甚至半年的时间以及能耗大的问题，是开发方案中重点提到的。

作为 SAGD 项目部的技术员，工程技术研究院的年轻科研人员陈淼把注意力放在了国外的一家油田。通过查阅相关文献资料他发现，这个国家有一些 SAGD 开发项目也存在循环预热时间过长的问题，且对方正在从事这方面的研究，希望把 3 个月的循环预热时间缩短到 1 个月甚至 20 天。

陈淼看过的其中一篇文献中，有一位外国专家留有邮箱地址，他通过邮件联系上这位专家，得知他们曾于 2010 年做了两口井的试验，取得了成功，效果不错。

通过陈淼不断联系沟通，新疆油田公司最终把这位专家邀请了过来。经过交流，大家认为这位专家的方法可以解决风城 SAGD 技术中循环预热过长的难题。

新疆油田公司决定和对方进行联合研究，由对方提供技术服务。

2012 年 6 月起，由陈淼主持的 SAGD 开发快速预热试验进行了延伸试验、模拟试验和直井测试。

而这口井，让陈森和同事们吃了很多苦头。虽然戈壁滩上白天最高温度达四十多摄氏度，但为了精确测量数据，在取岩心的时候，陈森一直在现场盯着。一块块岩心取出来的时候，他像拿到宝贝一样，小心翼翼地将每一块都包好，并且详细标记。

由于施工不分昼夜，为了确保测试准备阶段不出现问题，陈森像采油工一样，周一到现场上班，周末才回到市区的家里。

由于住的板房里有缝隙，现场经常刮大风，他的耳朵、头发里面满是沙子，但他也管不了那么多。终于，在 12 月初，第一口快速启动现场试验井在风城重 1 井区进行试验，其原理是：往井里注蒸汽前先注水，通过水的冲击力把储层里面的小通道打开，改善油藏的孔隙度、渗透性。如此一来，随后注入的蒸汽就更容易在油层里面扩散波及。

这种方法不但会大幅缩短 SAGD 井的循环预热时间，还能提高蒸汽的波及速度、扩大波及体积，并且能加快泄油速度，提高采收率。

然而，四五天之后，现场试验反映出来的特征、现象、数据和施工的曲线与在国外稠油油藏的差异很大。

那位外国专家也认为，这种方法可能确实不适用。

但是陈森不死心："风城的超稠油油藏条件我们自己最清楚，虽然油藏条件影响确实很大，但我们还是有办法克服。"

随后，陈森和项目组的同事们抓紧时间分析研究，逐渐找到了影响试验效果的因素，有针对性地对方案进行了调整和优化，修改了施工方案。

在试验项目再次施工后的 1 个月后，陈森和项目组成员通过压力、温度等数据进行分析判定，两井间已连通，试验确如预料的一样达到了预期目标。

他们宣布第一口井快速预热试验获得成功——以往需要 6 个月循环预热才能实现井下连通，现在只需要 1 个月。

接下来，陈森带领项目组又在 3092 井和 3094 井进行扩大试验。此时已是 2013 年的 6 月份。但这次试验结果喜忧参半——3092 井成功，3094 井失败。让陈森没想到的是，3094 井的失败几乎断送了整个快速预热项目。

当时，很多人认为，这个快速预热技术有重大缺陷。

鉴于此次试验的不确定性，新疆油田公司决策层对此后的试验按了"暂停键"，要求重点观察两口快速预热成功的油井生产情况和快速预热试验失败井注蒸汽后的生产情况，等解释清楚失败的原因后再做决定。

十三、机缘巧合，试验重启终成功

对于公司的决定，陈森虽心有不甘，但也能理解："毕竟，一次试验的成本、代价都非常大。在有较大不确定性的情况下，贸然继续试验，是有很大风险的。"

如果不是一个机缘巧合的机会，SAGD井快速预热技术可能就真消亡了，也许今天可能仍在使用过去的老办法。

新疆金戈壁油砂矿开发有限责任公司（以下简称"金戈壁公司"）由中

▲ 2012年5月23日，风城油田作业区，石油工人在SAGD试验区作业。（风城油田作业区供图）

石油集团公司和克拉玛依市一家地方企业合资组建。

在 3094 井试验失败之前，已经一年多没有打油井的金戈壁公司突然决定要打 3 对井，而方案也正是陈森他们参与设计的，什么时候打井、什么时候投产，他们都已制定好。

这让陈森重新看到了希望，他抱着试一试的态度和金戈壁公司的领导层谈了重启快速预热试验的想法和意图，然而没想到，对方很爽快同意了他的想法："反正都要试，那就试一试吧。"

2013 年 10—11 月，陈森带着项目组成员在金戈壁公司对第一口井重启了快速预热试验，并于 2014 年 3 月份启动第二口井的试验。

全部结果进展十分顺利，都达到预期效果！

陈森等人十分激动，迅速将试验情况向新疆油田公司领导汇报。领导非常高兴地对他们说："做了 5 口井的试验，成功了 4 口井，成功率也达到了 80%。按照这样的成功率，是值得去做的。因为节约的蒸汽成本完全可以弥补 20% 失败的损失。极个别试验失败的井，对大局没有影响。这是个好事，值得去推广。"

这一锤定音，让陈森的心彻底放下来了。由此，风城稠油 SAGD 井快速预热试验重新恢复启动。

2014 年，陈森带着团队成员在风城对 8 口井做了快速预热试验，全部成功。

此时，他们已经完全实现了技术自主和设备自主，不再依赖外国专家。从此，快速预热启动技术在风城油田全面铺开。

十四、日渐成熟，SAGD 技术建新功

风城的双水平井 SAGD 技术，一直在向前不断突破。尤其是 2012—2017 年，先导试验成功后，不断放大到工业化阶段，通过一边建设一边完善，技术基本定型。这 5 年，在风城油田作业区担任总地质师的孙新革参与了全部过程。

随着采出程度的不断提高，一些物性较好的区块逐渐减少，孙新革带领

风城油田的科研人员开始打破 SAGD 技术的应用界限，逐步向物性、油藏条件更差的区域推广。

在这个过程中，他们也对 SAGD 技术不断进行优化。起初，他们采用蒸汽腔扩容的方式提高采收率，接着又采用直井辅助、水平井辅助、一级分支井、二级分支井等方式，井网技术、控制技术等都在不断优化。

目前，风城超稠油已经实现了 SAGD 管理智能化。通过建立全区精细地质模型、轨迹数据库、动态数据库和生产预警系统，将油藏搬到桌面上，实现了 SAGD 管理重大变革。

在水热循环方面解决了复杂乳液脱水、水质净化、污水回用问题，脱水效率同比提高 30 倍，首次实现了回用稠油采出水产生过热蒸汽，油田水热资源综合利用率由 75% 提高到 90% 以上，保障了 SAGD 年产量 100 万吨。

针对稠油生产高温高压等特殊安全生产环境，风城油田作业区率先在国内建成了首个稠油物联网示范基地，改善了工作环境，提高生产效率效益，大幅减少了一线值守人数，减少用工 75% 以上。

在 2017 年，风城油田作业区利用 SAGD 技术开采的超稠油已达到年产量 101 万吨，2018 年达到年产量 102 万吨，预计 2025 年，将达到年产量 200 万吨以上。与此同时，SAGD 也开始逐步走出风城油田。此后孙新革又主持了一个转化开采方式的产能建设规划，规划建产 100 万吨，向新疆油田公司重油开发公司所辖的九 7 区、九 8 区、九 6 区和红浅 1 区等老区逐步推广 SAGD 技术，通过打水平井加密，把采收率再提高 20 个百分点。

"通过不懈的攻关，我们掌握、升级了 SAGD，解放了风城 3.6 亿吨的超稠油资源，变不可能为可能。"霍进说。

升级 SAGD，形成自主研发的核心技术体系，这对克拉玛依油田超稠油的开发，无异于一场科技革命。

值得克拉玛依石油人自豪的是，这场"革命"是由他们迎难而上、百折不挠、独立自主完成的。

高宇飞

第七篇

余热废水变为宝 经济环保两相宜

——克拉玛依油田稠油开发水热资源高效利用纪实

▲ 2012年2月8日，风城油田作业区重18井区稠油生产区，抽油机、注汽锅炉正平稳运行。多年来，克拉玛依油田稠油开发水热资源高效利用，推动了稠油乃至超稠油区块规模化开发进程。（风城油田作业区供图）

    稠油开发离不开两个关键的因素——"热"和"水"。

    稠油的黏度很高，密度大，流动困难，常规的开采方式很难实现有经济效益的开发。因此，为了经济有效地开发稠油资源，利用"热"的热力量进行开采成了不二选择，如注热水、蒸汽吞吐和蒸汽驱等。

    但想要把热作用到稠油上，就需要通过水来完成——热把水加热成蒸汽，蒸汽注入地层，把热传递给稠油后凝结成水混入油中一起被采出。"热"把热能传递给水，"水"成为热的载体。

    "水"和"热"相辅相成，缺一不可。那么，采出同样多的油，如果用"热"用"水"越少，显然成本就越低，利润就越高。怎样才能用尽可能少的"水"与"热"采出尽可能多的油呢？为此，克拉玛依三代石油人前赴后继进行了不懈的探索，取得了处于国内国际领先水平的成果。

◀ 2011 年 12 月 30
日，风城油田作业
区的员工在特稠油
联合处理站监控室
密切关注生产现场
的动态和各类装置
运行情况。(风城
油田作业区供图)

一、稠油储量丰富　水热资源宝贵

目前，我国已成为即美国之后第二大石油能源消费国。在我国石油剩
余可采储量中，稠油占 40%，稠油已经成为非常重要的石油资源。稠油开
采的通行方式主要是以蒸汽吞吐和蒸汽驱开采为主。这两种方式都存在耗能
高、成本高等问题。

在克拉玛依市乌尔禾风城区域这片广袤苍凉的大地之下，蕴藏着当今世
界上黏度最大、最难开采的稠油，被称为"流不动的油田"，而这种"流不
动的油"便叫超稠油。

在这片土地下，已探明的稠油储量达 3.6 亿吨。从 20 世纪 80 年代风
城油田进行稠油开发起，一直使用国际范围内普遍采用的、相对成熟的技
术——蒸汽吞吐技术。通过周期性地向地层注入蒸汽进行采油。这种技术有
着快速注汽和快速采油的优点。但是，由于蒸汽加热范围有限，成本高而且
原油采出程度不高。

然而，风城油田的超稠油具有十分重要的价值。它的价值不仅体现在增
加能源与增加经济收入上，而且体现在国防和国家安全上。以风城油田超稠
油为原料生产出的 75 种高端化工产品，使我国空调用冷冻机油、高档润滑
油等油品的对外依存度从 90% 降至 30% 以下。

稠油开发的『中国样本』

▲ 2013 年 12 月 10 日，风城油田作业区，技术人员正在对新建的注汽锅炉进行投产运营前的测试。（风城作业区供图）

此外，风城油田还是新疆油田公司"十二五"乃至今后一个时期稠油开发的主力接替区和产能建设主战场。

要实现风城油田超稠油资源的规模开发，必须解决两大难题，一是开发技术的优选，二是燃料结构的调整，只有解决了这两个问题，才能把开发成本降下来，才能实现长效稳产，风城超稠油资源的开发才能打开局面。

2008 年，代表着世界先进超稠油开采技术的 SAGD 先导试验，在风城油田重 32 井区拉开帷幕。这标志着风城油田的超稠油资源开发方式进入革命式的改变阶段。

想让这块"流不动的油田"动起来，除了 SAGD 技术，还要利用 SAGD 技术把高干度的蒸汽注入地下，加热油层，才能以较低的成本采出超稠油。SAGD 技术虽然先进，但要让这种技术发挥应有的威力，还必须有生产高干度蒸汽的技术与设备与之配套。

要产生这种蒸汽，就需

▲ 2018 年 1 月 27 日，重油公司采油作业二区，2 号流化床注汽锅炉工正在检查设备运行情况。（闵勇 摄）

▲ 2012 年 11 月 15 日，风城油田作业区重 32 井区，忙碌一上午的员工在注汽锅炉前用餐。（吴庭智 摄）

▲ 2016 年 4 月 15 日，红山公司员工在采油现场的杠点多通阀前检查注汽开采的运行情况。（闵勇 摄）

▲ 2012 年 7 月 10 日，风城油田作业区员工在锅炉车间向炉内给煤。（韩志强 摄）

要合乎要求的锅炉来加热水。经过新疆油田公司科研人员的持续攻关研究，成功研发出了能生产合格蒸汽的注汽锅炉。

在风城油田迈入跨越式发展的同时，围绕稠油开采过程中的水热资源高效利用的争论也日趋激烈。

因为在稠油热采蒸汽的生产、输送及采出液处理等流程中包含着丰富的余热资源，主要包括注汽锅炉高温烟气、注汽管网散热、高温采出液余热等，其总量占稠油生产资源消耗总量的 30% 左右。如果这些余热任其散失，将十分可惜，但如果能有效利用效益也将十分可观。

与此同时，新疆地区清水资源匮乏，稠油开采时采出的液体中所含的采出水量与消耗的水量相当。因此，采出水成为一种特殊的水资源，如果就地放掉，既浪费水又很不环保。如果采出水能被循环利用，不仅会大幅度降低成本，而且可以很好地保护环境。

由此可见，回收利用稠油开采中产生的余热及采出水资源，实现水热资源高效利用，降低稠油生产能耗成本，是稠油生产中必须解决的一个重要问题。

但是，这个问题解决起来没有那么简单。传统稠油开采方式的地面工艺不能满足稠油水热资源高效利用和绿色开发的需要。首先，开放式的集输流程会散发大量余热和蒸发水分。其次，现有的注汽锅炉吨位不够，不能满足大规模开发的需求，也不能满足净化水回用的要求。第三，常规的原油脱水工艺，无法高效进行油水分离，不能满足交油指标。

这个重要问题，成了一个重大难关。

二、寻找替代能源　调整燃料结构

在热能高效利用方面，首先要解决热能来源的问题。因为稠油是耗能大户，2000—2009 年期间，新疆油田公司稠油开采成本共计 167 亿元，其中热采费 96.7 亿元，占 58%。那时，稠油开采烧的主要是天然气，因此，天然气成本已成为稠油开发的主要成本。当时在新疆油田公司上千万吨年产量中，占比不到 40% 的稠油"吞"掉了 75% 的能耗。2009 年，新疆油田公司用于稠油开采的天然气总量为 13.9 亿立方米，占全油田天然气生产总产量的 60%，代价高昂。

长期以来，风城油田注汽锅炉的燃料也是天然气，燃料成本约占操作成本的 60% 左右。随着风城油田开始大开发，需要大吨位的锅炉产生更多的蒸汽，也就意味锅炉需要消耗更多的天然气。

然而，使用天然气面临着供不应求及价格逐步上涨的双重压力。如果继续使用天然气，会进一步消耗大量本油田生产的气，这样外供的天然气势必就会减少，进而造成北疆地区天然气供应紧张，形成供需缺口，影响城市居民的生活。随着超稠油的大规模开发，这个缺口会越来越大，也会导致风城油田超稠油开采成本居高不下。

新疆油田公司决策层下定决心一定要把天然气自耗降下来。于是，他们把目光投向了稠油热采注汽锅炉的燃料结构调整上。然而天然气已经是公认的、便宜的清洁能源了，还要怎么调整？新疆油田公司便有用煤替代天然气的想法。

因为新疆拥有占全国40%以上的煤炭资源，却因就地转化困难和长途运输成本高昂，大部分沉睡地下，不能发挥优势。目前想要实现两全其美的办法，便是在稠油开发中以煤代气。

克拉玛依油田周边地区煤炭探明储量为60亿吨以上，风城油田距离煤矿更近，在五六十千米的范围内就有质量好、价格低的煤炭。周边地区丰富的煤炭资源完全能够满足克拉玛依油田稠油热采燃料结构调整的需求。

用传统能源煤替代清洁能源天然气，很多人不理解，一些人则认为这是一种倒退，而更多的人是对环境担忧——克拉玛依油田稠油发展的主要接替区风城油田。该油田紧邻国家5A级景区世界魔鬼城，若注汽锅炉烧煤，将会给景区带来怎样的环保威胁？

新疆油田公司科研人员经过大量论证和研究"煤代气"的可行性和科学性，认为可以消除这种担忧。因为，近年来随着技术的进步，通过高效脱硫、原煤密闭运输及处理等先进技术，煤已经实现了清洁运输和高效燃烧以及清洁排放，也就是实现了清洁化高效燃烧，不会产生环保问题。

同时，"煤代气"也是依政策顺时势。2007年8月30日国务院和发改委正式颁布实施的《天然气利用政策》，明确了天然气利用的顺序：城市燃气排在优先位置，同时要求提高资源利用效率。

"煤代气"符合国家的要求——将西部的煤炭就地开发在油田加以利用，把天然气等清洁能源置换出来输送到城市。以煤替代天然气进行稠油热采的燃料结构调整，不仅对解决稠油开采成本居高不下和北疆地区城市供气紧张的状况具有重要的意义，而且对带动新疆经济发展同样具有重要的意义。

对于用作燃料，天然气无论是否集中使用，它都是清洁能源。煤则不然，越分散使用污染越大。"煤代气"工程将稠油开采上用的天然气置换出来，用于城市供气，使城市中原来污染大的分散用煤形式变为稠油开采的集中用煤，这适合煤的集中清洁化燃烧处理和无害化排放，工业上"煤代气"，

▲ 2018 年 9 月 6 日，克拉玛依油田百里油区的新港公司生产片区，锅炉工正在向流化床注汽锅炉燃料区加煤。(闵勇 摄)

城市中"气代煤"，虽然只是顺序有所改变，但却具有巨大的经济效益、社会效益和环境效益。

2009 年前后，新疆油田公司为了转变油田发展方式、提高稠油开发经济效益，做出了调整油田稠油热采燃料结构的举措。至此，当了油田开发中几十年燃料主角的天然气，将被煤炭取代。

三、没有拿来主义　只能自力更生

2008 年，风城超稠油开始进行 SAGD 先导试验并取得了较好的效果，新疆油田公司稠油稳产 400 万吨计划的实施已然提上日程。如果没有更好的水热资源高效利用技术，那么水热综合能耗继续上升的趋势不可避免。

如前所述，风城超稠油资源的规模开发，必须解决两大难题，一是开发技术的优选，二是燃料结构的调整。

而新疆油田公司下定决心调整燃料结构，为热能高效利用奠定了基础。此外，稠油开发过程中，采出 1 吨油，需要 4 吨清水，如果能将这些水高效循环利用，那么不管是对新疆油田公司，还是对干旱缺水的新疆来说，其意义不言而喻。

稠油稳产 400 万吨计划的实施近在眼前，传统技术瓶颈桎梏效益开发，水热资源高效利用迫在眉睫。为此，新疆油田公司决定进行技术攻关，突破传统地面工艺不能满足稠油水热资源高效利用和绿色开发的技术瓶颈。

2009 年，新疆油田公司组织多家下属相关单位，准备立项研究。由于风城超稠油资源的独特性，这些相关技术基本上没有可以借鉴的经验，没有办法实行"拿来主义"，只有自力更生。

针对如何实现风城超稠油水热资源高效利用，新疆油田公司设立了风城超稠油开发地面工程配套技术研究重大项目，包含燃煤高干度注汽锅炉研发、高温采出液脱水、采出水净化处理、超稠油密闭集输、超稠油长距离输送和热能综合利用这 6 个子课题，由当时的新疆油田勘察设计研究院油田工艺设计所所长兼总工程师黄强作为总课题长带领研究人员分头研究、逐个攻破。其中，匹配适合超稠油规模开发的燃煤高干度注汽锅炉的任务由该院的科研人员吴伟栋负责。

"符合风城油田超稠油规模开发的注汽锅炉，必须是大吨位的燃煤锅炉。"吴伟栋说，这种锅炉只有电厂使用，但是这种电站汽包锅炉对锅炉用水的水质要求非常高，只能烧矿化度小于 5 毫克 / 升的无盐水。

然而风城油田超稠油采出水的矿化度远远达不到这个要求。因为，稠油开采的过程也是一个污染水的过程。锅炉用清水产生蒸汽，蒸汽注入地下，加热稠油后降温凝结成水，水和油一同被采出，成为采出液，这其中水占大部分。清水经过这个流程，成为了采出液中的水，分离出来后其矿化度可达到 3000 ~ 5000 毫克 / 升。加之稠油开采的用水量很大，每天可达几万方，如果要使用电站汽包锅炉，并且循环利用采出水，那就得源源不断地处理大量高矿化度的采出水成为无盐水。处理这些水不仅成本将非常惊人，而且技术也很难，所以使用电站汽包锅炉的想法被排除了。

当时新疆油田公司也尝试过使用技术相对成熟的链条炉排的锅炉。可是链条炉排有个不足之处，它的控制主要靠司炉人员的经验，因而这种锅炉的控制不能实现自动化，只能靠半自动化半经验进行控制，因此生产的蒸汽品质相对低一些，而且燃烧效率低，环保指标相对较差，所以也不适合使用。

"稠油开采伴生大量的稠油采出水，每天可达几万方的循环量，这些采出水虽然矿化度很高，但是如果不用实在可惜，也不能达到稠油开采过程水热资源高效利用的目的。"吴伟栋说。

那么，如果能在合适的水处理成本内，降低这些稠油采出水的矿化度，回注到一种烧"粗粮"——高矿化度的水的燃煤注汽锅炉中，那不是一举两得，既能满足水资源的循环利用又能降低水处理的成本吗？

风城油田SAGD技术对注汽锅炉蒸汽参数高要求和汽水循环方式的特殊性，使得当时现有的燃煤锅炉系列产品都不符合风城油田超稠油开发水热资源高效利用的要求。

吴伟栋和同事们渐渐明白，种种客观因素都指向一个方向——必须研制出一种能烧高矿化度稠油采出净化水的大吨位燃煤注汽锅炉。

为此，吴伟栋和同事们开始着手研究合适的锅炉。他们查阅大量的资料，联系国内各大锅炉厂和研究院所，一直密切关注着国内锅炉技术发展的动态。

四、多方携手合作　研制新型锅炉

研发适用于风城超稠油SAGD开发的燃煤注汽锅炉，需要解决三大难题——烧煤技术的高效环保问题、回用高矿化度采出水问题和高干度蒸汽品质问题。

"除了三大难题以外，油田上使用的锅炉和其他行业使用的锅炉还有很大不同，因为油田上的一台锅炉带了很多生产井，每口井都有一轮轮的注采周期，并且频繁调整，所以对锅炉的可靠性要求很高，要能适应油田注采轮次的负荷调节。"吴伟栋说，要研发制造符合要求的锅炉，面临的问题实在太多了。

吴伟栋等人经过市场调研和多次论证发现，循环流化床燃煤锅炉技术拥有高效低污染清洁燃烧技术、燃料适应性广、环保效果好等特点，但是在稠油开采领域的应用是一片空白。

正当吴伟栋等人一筹莫展时，2010年国内的流化床锅炉技术有了大突破，一举位列国际领先地位，长期关注锅炉技术发展的吴伟栋及时获悉了这个消息。

"当年清华大学的第三代流化床锅炉技术已经成熟，是基于流态重构理

▲ 2017年11月12日，风城油田作业区重18井区，专业作业车辆设备正在进行接转密闭集输装置的建设作业。（风城油田作业区供图）

论的循环流化床锅炉技术，此前的第一代和第二代流化床锅炉技术都是美国的技术，第三代是中国自己的技术了。"说到这里，吴伟栋语气中透露着自豪。

更让吴伟栋欣喜的是，他认为流态重构理论的循环流化床锅炉技术十分适合新疆的煤炭，因为新疆的煤炭硬度比较低。

2010年初，由吴伟栋主导项目组一同论证，从锅炉的燃烧原理分析、水循环过程、能否用净化水、能产生什么样品质的蒸汽等方面，向新疆油田公司提交了一份初步研究报告。

这份一百多页的详尽研究报告，把用燃煤锅炉开发稠油从头到尾进行了全过程的分析。给新疆油田公司领导汇报完后，引起了高度重视，新疆油田公司决定向中石油集团公司汇报。没过多久，中石油集团公司就下达了该项目的立项研究通知。

随后，新疆油田公司安排当时的勘察设计研究院对国内的主要锅炉厂和研究机构进行全面考察。

由于长期密切关注，在考察前吴伟栋对这项技术的主要科研人员是谁、在哪都很清楚，实地考察完后他更加胸有成竹了，他建议跟清华大学和太原锅炉厂合作研究。因为第三代流化床锅炉技术是清华大学研究出来的，而要论国内制造锅炉水平的佼佼者，非太原锅炉厂莫属。

三方一拍即合，决定合作完成这项具有划时代意义的创新研究。该项目由新疆油田公司负责，并由新疆油田勘察设计研究院、清华大学和太原锅炉厂共同参与。

勘察设计研究院对整个锅炉的形式、系统、控制、调节、蒸汽、分配和水动力循环等方面提出要求。清华大学负责在第三代流化床锅炉技术的基础上研究水动力循环问题，重点解决采出水回用锅炉的技术难点，这需要做大量的室内试验，而清华大学具备试验条件，太原锅炉厂则负责锅炉的设计和制造。

换言之，勘察设计研究院注重如何将该锅炉应用于超稠油生产中的工程研究，清华大学注重理论研究和室内试验，太原锅炉厂注重锅炉的设计和制造研究，三家既有分工又是一个整体。

与此同时，勘察设计研究院同步完成了该锅炉用于超稠油开发的可行性研究。主要内容包括多大规模的锅炉既能满足油田生产，又能满足高效运行并在现有的条件下可以进行锅炉制造。当时该院确定这种锅炉一台的蒸发量是每小时 130 吨，可带两三百口井，负荷调节范围从 30% ～ 110%。

▼ 2020 年 9 月 21 日，风城油田作业区重 32 井区，新建的注汽锅炉正平稳运行。（闫勇 摄）

五、克服多项困难　成功研制锅炉

可行性研究意味着把想法变成实施方案，但是这份可行性研究报告在多次审查期间，经历了各路专家的激烈争论，因为这项创新技术是对一些固有观点的挑战。比如在固有的观念里锅炉是中心，所有的其他条件都要去适应锅炉，而项目组的想法是要求锅炉去适应油田生产。

"以前大家都是围着锅炉转，必须要保证这个核心装置，所有的配套都是怎么有利于锅炉就怎么来，而我们当时提出的研究方向是，锅炉要尽量满足超稠油开采对锅炉的要求。"吴伟栋介绍说，这是一个颠覆性的观念，必然会引起激烈的争论。

若按原有的观念去实施，虽然锅炉的研发难度会减小，但是油田的生产成本会大幅增加。因此必须寻找平衡，锅炉和水质之间的平衡，效益和成本之间的平衡。

有争论才有思想的碰撞，最后大家一致同意根据超稠油开采的实际需求在现有的能力下做到最好。但这需要大量的基础工作和长期的数据来支撑，比如锅炉的用水量是多少？采出水的性质如何？清水的补充量是多少？一年内的水平衡是什么情况？

基于综合考虑和大量的试验研究，合作三方确定了新锅炉使用 40% 清水混掺 60% 净

▲ 2018 年 1 月 2 日，风城油田作业区员工在稠油生产区块注汽作业。（风城油田作业区供图）

化采出水的方案。

为了能让锅炉烧较高矿化度的采出水，研究小组必须面对锅炉的炉筒排布方式、循环方式是什么路径、流速控制在多少、如何排污、如何进水、如何加药等一系列问题。

这些问题困扰着项目组，一时理不清头绪。

但一个偶然的机会，吴伟栋在单位的图书馆里发现了一本非常旧的锅炉原理书，他便从这本书中得到了启发。

"20世纪五六十年代时，水处理技术不先进，锅炉采用净段和盐段的设计方式，后来水处理技术提高后，这种设计方式就慢慢被大家淡忘了。"

▲ 2011年6月2日，风城油田作业区，准备投用的新建锅炉正在紧张施工中。近年来，通过对注汽锅炉的连续改造升级，稠油生产处理能力不断提高。（风城油田作业区供图）

吴伟栋顿时豁然开朗，这种设计技术，针对的正是锅炉水质条件不好的情况。

因此，结合油田实际情况，吴伟栋提出锅炉要采用净段和盐段分段蒸发技术。他的想法虽然让清华大学和太原锅炉厂感到意外，但也十分认可。

大方向确定了是分段蒸发技术，接下来就是研究如何具体实现了。项目组细化研究了净段和盐段的比例、净段和盐段的循环方式、净段和盐段的控制方式等问题，最终形成了汽包分段蒸发低床压降循环流化床锅炉技术。

此外，清华大学进一步研究了新疆煤炭，发现新疆的煤炭物料粒径更细更小，具备运行稳定和燃烧高效的条件，也证实了吴伟栋认为新疆的煤炭适合第三代流化床锅炉技术的想法。根据煤炭的特性，清华大学和太原锅炉厂精细化了技术环节，提高了煤炭的燃烧效率。

随后，项目组又解决了锅炉排放烟气环保达标的问题，实现环保排放的要求。

历时两年，合作三方成功制造了第一台回用油田采出水的大型燃煤流化床锅炉。随后，勘察设计研究院完成了试验工程的可行性研究报告，2011年中石油集团公司将风城130吨循环流化床锅炉试验工程确立为集团公司重大试验项目，正式进入工程试验阶段。

六、72小时试运行　锅炉顺利投产

试验阶段，就是对锅炉的一次集中大考验，要经历一个个难点的验证。

锅炉的负荷波动变化频繁是一个难点，与常规锅炉相比这台锅炉有两套循环系统，两套循环系统之间循环量的分配也是一个难点，尤其是当负荷变化时，净段的循环量和盐段的循环量之间的匹配，更是难上加难。

"锅炉每天都在调整负荷，会导致锅炉的压力不停波动，对锅炉的水位控制有影响，因为压力波动容易引起汽水共腾，汽和水没有分界面，那锅炉到底有多少水就不知道了。"吴伟栋说，为了确保试验顺利，项目组考虑了许多可能遇到的问题。

回用油田采出水的大型燃煤流化床锅炉在石油开采领域应用可谓史无前例，没有可以借鉴的经验，项目组人员面临的压力可想而知。

2011年4月试验工程开工，同年年底项目主体完工。2012年2月正式注汽，此后项目组经历了许多曲折，特别是在配套系统中暴露出很多问题。

"当时是冬天，像管线冻堵，连夜烤几千米的管线解冻这都是容易解决的小事，难的是现场如何操作，因为大家都没经验，只能靠不断摸索总结经验。"现在回忆起那段时间的经历吴伟栋仍然觉得心有余悸，面对这个配套系统多、相关设备多的新鲜事物，大家毕竟都是第一次接触，谁的心里也没有底。

出现问题就解决，没有经验就摸索，项目组硬着头皮也要啃下这块"硬骨头"。后来，大家渐渐对这台锅炉系统熟悉了起来，也摸索出了经验，后期的试验就相对比较顺利了。

2012年3月初，项目组在解决除尘、吹灰系统相关问题，确保所有主要设备正常投用后确定了72小时试运行时间。72小时试运行是为锅炉进行的最后一道体检。试运行过程中，设备工作状态与正式投产相同，通过观察期间运行工况，跟踪记录试验数据，判断锅炉是否达到长时间安全平稳运行条件，以验证锅炉的安全性、可靠性。试验后期的相对顺利，让项目组以为可以平稳度过72小时试运行，没想到却被吓出一身冷汗。

当时，试运行马上接近70小时，眼看成功在即。吴伟栋正在现场观察注汽分配和灵敏度调节这些问题，当他认为锅炉已经可以了的时候，锅炉却突然自动停止运转了，这让现场人员大吃一惊。项目组赶紧去查看运行记录，此时大家的心都提到了嗓子眼。

原来是一个误操作导致了锅炉停止运转，幸好有惊无险！还是因为经验不足，操作人员无意中启动了紧急停车程序并进行了确定。好在不是系统问题，项目组松了一口气，但是要进行下一次72小时试运行，要等锅炉冷却一周才行。这期间项目组对操作人员加强了培训，并调整了操作系统，避免再次发生误操作。

2012年3月14日，首台回用油田采出水的大型燃煤流化床锅炉在风城油田顺利结束了72小时试运行。试运行期间，该锅炉满负荷运行，近130吨高干度蒸汽注入风城超稠油地下管网，为超稠油热采注入新活力。

2012年5月，该锅炉进入对各类水质的适应及运行调试阶段。一个多月时间里，项目组分别对这台锅炉按照100%清水、掺混20%、40%、60%比例采出水展开运行调试。结果显示，这台锅炉成功实现了最高混掺60%采出水的设计要求。

"我们对混掺50%以下的采出水都不担心，但是混掺50%～60%时，看着炉水的含盐量和矿化度迅速上升，大家心里还是比较紧张。"吴伟栋说，他们一直在现场分析化验炉水的各种水质指标、锅炉液位和压力波动等，生怕有什么闪失。

2012 年 6 月 14 日凌晨，这台锅炉开始正式运行。经过净化的采出水混掺清水后成为矿化度 2000 毫克 / 升高含盐水被送入这台锅炉的炉膛，在锅炉的轰鸣声中，变成了汩汩有力的"汽龙"，输送到风城油田广袤的大地深处。它每小时生产 130 吨蒸汽的能力可替代六七台普通燃气注汽锅炉，还具有燃料适应性广、热效率高、运行安全可靠、脱硫效果好、烟尘排放浓度低、节能节水等特点。

这不仅意味着中石油集团公司重大试验项目的成功，更是创造了生产出全国首台可回用稠油净化污水的循环流化床锅炉的历史。

七、从头开始研究　找寻脱水方法

循环流化床锅炉要想回用超稠油采出水，有个前提是得从 SAGD 高温采出液中分离出水，这也是整个稠油开采过程中水热资源高效利用中的关键环节。如果没有这个技术，那么后续的水资源高效利用就无从谈起。

这项 SAGD 高温采出液脱水项目子课题，由当时新疆油田公司勘察设计研究的蒋旭等人负责。

2009 年该项目立项之初，蒋旭是一个刚工作的新人。正所谓初生牛犊不怕虎，虽然接到的是中石油集团公司重大项目，但是他却没有感受到什么压力，因为他根本想象不到他接下来会面对什么样的难题。

当时，风城的重 32 和重 37 两个 SAGD 先导试验区还没有投产，蒋旭和同事们对 SAGD 采出液，可谓一无所知。所谓无知者无畏，形容那时的他们正好。

通过了解和调研，蒋旭等人得知 SAGD 的采出液温度可达 180℃，这可比 100℃ 以内的常规吞吐采出液温度高了很多。

"那时我们的思路都在换热方面，想着把热换掉，就跟常规采出液一样了，然后再把换出来的热综合利用一下。"蒋旭说当时他们想得很简单，于是在重 37SAGD 先导试验区建了个换热站。

2010 年，重 32 和重 37 两个 SAGD 先导试验区先后投产，SAGD 高温采出液换完热后进入风城一号稠油联合站，导致了该联合站系统瘫痪。

▲ 2020 年 9 月 21 日，风城油田作业区新建的稠油处理装置鸟瞰图。（戴旭虎 摄）

这可给蒋旭和所有人当头浇了一盆凉水，大家只能先把 SAGD 高温采出液改出系统，再查找原因。

"风城一号稠油联合站的处理能力是八九十万吨常规采出液，SAGD 先导试验区投产初期产量很低，也就一两万吨采出液，我们觉得一两万吨 SAGD 采出液混入七八十万吨常规采出液中应该不会有什么影响，就比如 100 瓶清水中混入 1 瓶脏水，也不会导致水质变化很严重。"蒋旭坦言，他们没有想到会带来导致系统瘫痪这么大的影响，也就是从那时起他们开始感到有些压力了。

整理思路之后，项目组猜想会不会是因为一些生产过程中产生的比较难处理的老化油或者是 SAGD 新井投产，有些修井泥浆没有排干净，残留在采出液中导致的，项目组认为解决这个问题要不了多长时间。

随后，他们又让 SAGD 采出液接连进了几次风城一号稠油联合站，每进一次都会导致系统瘫痪，项目组开始意识到，这不是短时间能过去的事，也就是说，SAGD 采出液根本不能进当时的系统，一进就会出事。此时这种采出液开始展现它"凶狠"的一面。

"大家都蒙了，如果因为 SAGD 采出液，导致风城一号稠油联合站交不了油，进而影响风城油田的产量，那就是非常严重的后果了。"蒋旭说，联合站的作用就是对含水百分之八九十的采出液进行脱水，采出液脱水后，一部分是水，一部分是油，再把油交走。

项目组到现场，便手忙脚乱去改进风城一号稠油联合站的系统。他们一边恢复老系统的稳定，确保正常交油，一边把 SAGD 采出液引入站外的大池子，用罐车拉走处理。但这也不是长久之计，因为先导试验区投产的井越来越多，产量也随之增加。

留给项目组的时间不多，压力也越来越大。他们开始走访其他油田试图寻求解决之道，但是采出液跟地层和原油特性密切相关，其他油田的采出液表现出的特性跟风城 SADG 采出液并不一样，所以别人的方法对自己没有什么实质性帮助。

当时有人这样调侃：要是能拿下这个项目，可算是为国争光呀！

蒋旭清楚这句话的分量，原因不外乎两点，一是 SAGD 高温采出液脱水这项技术当时仅有少数几个国家掌握，国内还没有成功案例。二是掌握此项技术的几个国家，对技术中的脱水工艺、核心设备及药剂配方，实施了技术封锁。

蒋旭团队决定开始正视这种前所未见的采出液，从头开始分析研究，寻找脱水方法。

八、发现独特物性　思路慢慢清晰

SAGD 采出液脱水的难点之一是要在高温、高压的状态下进行密闭脱水，因为 SAGD 采出液温度高达 180℃，潜藏着很大的热能资源，如果常温脱水就会损失这些热能，也违背了水热资源高效利用的初衷。

想要脱水，得先研究 SAGD 采出液，那就得先取样研究清楚物性，才知道要干什么和怎么干。

"但是刚开始时，我们连如何取样都不知道。"风城超稠油开发地面工程配套技术研究重大项目总课题长黄强说。"科研"二字说起来简单，但是科

▲ 2018 年 1 月 27 日，重油公司采油作业二区，巡检工正在检查注汽设备的运行情况。（闵勇 摄）

研的每一步都不简单。

180℃ 的采出液，在常规的装置中会汽化，不利于对其物性进行分析研究。为此，项目组制作了带压密闭取样器等一系列带压密闭装置，确保 180℃ 的采出液是液态，方便研究。

SAGD 采出液呈黄褐色，像泥糊一样，项目组对它进行了分析，发现跟常规采出液相比，它真如外表一样含泥量比较高，这就使它的乳化特性很特殊。常规采出液静止 5 分钟就会分成两层，上面是油包水，下面是水包油，而 SAGD 采出液就很难分层。

在发现 SAGD 采出液乳化特性不一样后，项目组便开始筛选破乳剂，但是先后筛选了几十种大类，效果都不理想。有的破乳剂即便能有效果但是需要的剂量很大，成本太高。而且当时是 90% 的常规采出液和 10% 的 SAGD 采出液混掺进行试验，这样都需要大量的破乳剂，那么之后 SAGD 产量大了岂不更加难办。

刚有点思路就又陷入了困境，项目组想去当时 SAGD 技术最成熟先进的加拿大调研。可是加拿大虽然也是采用高温脱水，但是他们的 SAGD 采出液含泥量不大，风城 SAGD 采出液含泥量之所以高，是地质原因导致的，这是个无法回避的客观因素。

又一次没有可借鉴的经验，项目组只能再次静下心仔细研究含泥量高带来的影响。

"含泥量是一个关键点，泥在采出液中充当乳化剂的作用，能把油和水充分乳化，在油水界面形成一种稳定结构。"蒋旭说，常规情况下油和水有密度差，油慢慢往上浮，水慢慢往下沉，就会慢慢分层，而有了泥以后，泥会和油"抱"得很紧，使本来比水轻的油变得跟水一样重了，改变了油水原本的密度差，这样油就能稳定地悬浮在水中间，导致油水难分离。

此外，SAGD 采出液是复杂乳化状态，从微观角度来看是水包油包水，

◀ 2020 年 9 月 27 日，重油公司采油作业二区十七号供热站，巡检工人在检查水处理设备的运行情况。(闵勇 摄)

◀ 2018 年 10 月 23 日，克拉玛依油田百里油区观景台脚下，新一代流化床注汽锅炉正在运行。(闵勇 摄)

即外层是水、水中间包着油、油中间又包着水的混合乳化状态。常规采出液一般不是水包油，就是油包水，不会像这样一层一层的包，层数多了难破乳，油水分离难度就大。

可是不管怎么样优化破乳剂，脱水效果还是不明显。正当项目组又犯愁时，有人发现实验室有罐 SAGD 采出液，还没来得及加乳化剂做试验，就被忘记了，放置一两个月还是和取出时一样呈黄褐色，完全没有变化。

这个意外让大家很诧异，但似乎预示着什么。

"竟然一两个月都不发生变化，这么反常会不会还有什么别的原因？"蒋旭和同事们开始往胶体特性上联想。他们着手测 SAGD 采出液的 Zeta 电位，常规采出液并不具备胶体特征，Zeta 电位一般在 $-10 \sim 0$ 毫伏之间，而他们测出 SAGD 采出液的 Zeta 电位竟有 -70 毫伏左右。这个结果让项目组又惊又喜，惊的是超过正负 60 毫伏说明胶稳定性极强，喜的是终于找到了 SAGD 采出液这么稳定难以分离的原因。

继续研究后项目组发现 SAGD 采出液带负电荷，这还是和泥有莫大关系，因为泥本身容易带负电荷，而它又跟油"抱"得很紧，导致小油滴都带负电荷，互相排斥，当然很难聚集形成大油滴，进而跟水分离。

终于搞清楚了风城油田 SAGD 采出液的独特之处，那便是具有乳液和胶体的双重特性，到这里项目组的研究思路也因此慢慢清晰了起来。

九、找准脱水方向　全力攻克难题

随后，项目组对 SAGD 采出液进行了脱水影响因素的全面分析，提出了先破胶再破乳的技术思路。

破胶就是把 SAGD 采出液的复杂乳化状态变成常规采出液那种上面是油包水、下面是水包油的状态，如果能实现这一步，那么上面的油包水再加破乳剂，就很容易把水脱掉了，这样后半部分也可以用常规技术来处理了，但前半部分破胶是难点。

"破胶跟破乳是两种截然不同的方式，一个是从水里面把油拿出来，另一个是从油里面把水拿出来，一旦加了过多的破胶药剂，会严重影响后续的破乳效果。"蒋旭说，要做到既能破胶，又不能对后续破乳产生影响，这需要通过优化药剂来实现。

药剂的第一个要求是破胶的同时不能影响破乳，第二个要求是必须耐高温。因为常规药剂的合成温度不超过120℃，而合成和分解又是可逆的，只要温度超过合成温度就会分解。SAGD采出液的温度是180℃，会导致常规药剂分解失效，所以药剂需要耐高温。

在药剂合作单位筛选药剂的同时，项目组开始研究最佳脱水温度，虽然是高温脱水，但不是一味追求温度很高，因为最终目标是要高效脱水。

那么到底多高的温度脱水效率最好，这需要大量的试验来论证。项目组要通过软件模拟不同温度下的脱水过程，初步确定合适的温度，再进行室内试验，反复验证模拟的温度是否合适。

◀2020年9月21日，风城油田作业区员工在巡检。目前，一批新建的注汽锅炉已在稠油生产区块投用。（闫勇 摄）

◀2013年9月3日，风城油田作业区重32井区，供热站注汽作业正在进行。（风城作业区供图）

最终，项目组对药剂合作单位提出的耐温要求是 160 ~ 180℃，药剂的合成温度要高于 200℃。该单位通过不断地努力终于研制出了符合先破胶后破乳并且耐高温的药剂。

此时，已经到了 2011 年下半年，这一年新疆油田公司扩大了 SAGD 先导试验区，又打了二三十对 SAGD 新井，眼看着风城 SAGD 产量越来越高，留给蒋旭他们的时间越来越少了。

完成药剂研发和室内试验后，2011 年冬天项目组马不停蹄开始在现场做小型模拟试验。历时两个月，项目组验证了不同温度、不同加药量、不同电场对脱水的影响，分析、化验和处理实验数据一千多组，优化了最佳脱水温度、沉降时间等，克服了现场凝管等种种困难和灰心丧气的时刻。

"当小型高温脱水模拟试验装置分离出合格油时，我们心里基本有底了。"蒋旭说，这为后续的 SAGD 高温密闭脱水工业化试验打下了良好基础。

其实，在做小型模拟试验时，项目组也在考虑如何能改进脱水装置，进一步提高效率。立式的脱水装置沉降界面高，离出水口远，越往下水越清，所以水质较好，而卧式脱水装置沉降界面大，能作用的药剂多，脱水更高效，二者各有优劣。

为了能优化脱水装置，蒋旭"疯狂"查阅论文资料，有次他在查看资料时突然受到段塞流捕集器的启发，要是脱水装置也是斜式的会是什么样呢？

所谓斜式，就是让装置有一定仰角，这一个小小的改变，就能结合立式和卧式的优点，既能保障沉降界面较大，又能保障水质干净，而且还能增加油滴的碰撞概率。

"因为不管是立式还是卧式，油滴始终垂直往上走，水滴始终垂直往下走，这种直上直下的方式，油滴的碰撞概率并不高。斜起来之后，油滴和水滴的运动轨迹变成了边斜着边往上或往下，成了曲线，曲线的碰撞概率就比直线大多了，而且我们还在中间添加了填料，把一个空间分成几个小空间，每个小空间都可以看作是一个小分离器，这样就进一步增加了碰撞概率，也提高了药剂反应的效率。"蒋旭说，不仅如此，改为仰角后泥沙堆积角变小，更有利于排砂。

思路越来越顺，项目组便开始软件模拟，他们在 0° ~ 45° 之间反复试验，最终发现了仰角在 9°～15°之间最为合适。此外，项目组基于仰角装置，将传统重力沉降脱水升级为强制对流脱水，脱水效率提高 50% 以上。

十、工艺逐步成熟　开展工业试验

2011 年年底，随着脱水工艺、密闭集输工艺的成功和装置设备的优化，整套 SAGD 采出液高温密闭脱水工艺已经成熟了，具备开展工业化试验的条件。

2012 年，新疆油田公司决定建设 30 万吨处理能力的风城油田 SAGD 采出液高温密闭脱水试验站，中石油集团公司也将其确定为集团公司的重大试验。

蒋旭和同事们又承担起该试验站的设计任务。时间紧、任务重，自参与该项目以来，蒋旭的压力越来越大。"不可轻言放弃，否则对不起自己。"这是蒋旭面对此项试验的态度。

试验站的设计难点还是在于高温脱水，因为高温意味着高压，各级压力要是控制不住，就像家里开锅的情况，本来就难脱水，再一开锅基本就无法脱水了，所以每个点的压力控制都非常关键。领导安慰大家说试验站允许失败，但是大家心里都清楚，这个站只能成功，不能失败。

试验站从设计到施工建设，历时近一年，2012 年年底试验站投产。虽然冬季投产比夏季投产要难，但是时间不等人，项目组别无选择。冬季投产要严防管线冻堵，尤其是埋地管线一旦冻堵，就只能等来年开春再施工了。项目组重点关注有静止液体的管线，因为在零下二三十摄氏度的天气里，静止的液体很容易冻堵。项目组每隔半小时就去给管线测温，发现温度较低便打开管线用桶接着放出液体，让高温液体补充流入一些，整体提高管线中液体的温度。

在项目组的精心呵护下，试验站在投产过程中虽然仍有小问题，但是并没有出现大问题，投产第四天就分离出合格的油，这宣告了风城油田 SAGD 采出液高温密闭脱水试验站投产成功。

2012 年 12 月 10 日，试验站生产出首批含水率在 2% 以下的合格油品，

▲ 2017 年 11 月 20 日，风城油田作业区员工在净化污水处理反应间外巡检。（风城油田作业区供图）

并超过设计指标。当大家都在庆祝试验成功的时候，蒋旭却在试验站中控室的椅子上睡着了。在这之前的 5 天 5 夜试验时间里，他只睡了不到 3 个小时。

2013 年上半年，项目组依托该试验站完成了全部阶段的工业化试验，在此期间对高温密闭脱水工艺、关键设备和药剂配方进一步优化和定型，形

成了 SAGD 采出液高温密闭脱水工艺包。

高温密闭脱水工艺是水热资源高效利用的关键环节,如果采用开放式流程,无疑会散失大量热能;如果油水分离不了,那么后续也没有污水可以处理,进而回用锅炉了。

解决了循环流化床锅炉和高温密闭脱水的难题,距实现水热资源高效利用就差最后一个主要环节了,就是通过水处理把 SAGD 采出液中分离出来的高矿化度水,净化处理成低矿化度水,以便回用锅炉。

勘察设计研究院采出水净化处理项目组,在传统常规的水处理工艺上进一步攻关研究,形成了前端除硅,后端除盐,且工艺段更短,成本更低的水处理工艺。在这个过程中,他们自主研发了离子调整旋流反应装置,创新重核强化催化絮凝技术,成为新疆油田公司独具特色的采出水处理工艺。该工艺技术大幅提高了水质净化稳定效率,降低了系统腐蚀结垢趋势,同比国内外项目,节约投资 30%。

▲ 2012 年 10 月 28 日,风城油田作业区供气联合站的两名员工正在疏通锅炉水汽流程,给锅炉上水。(白建茹 摄)

此外，针对循环流化床锅炉定期排放经过高温蒸煮的矿化度高达15000～30000毫克/升的浓盐水，项目组通过"降膜蒸发＋强制循环结晶"工艺进行深度处理后再次回用锅炉，进而实现整个稠油开采流程基本上没有废水排放。

十一、水热高效利用　技术国际领先

至此，整个风城SAGD超稠油开发地面工程中能达到水热资源高效利用效果的主要技术已经成熟，其余三个子课题也都先后完成，剩下就是相关配套技术的整合和优化系统了。其中，项目组设计了一套高效的换热系统，通过乙二醇循环系统把所有热都换进去暂存起来，等需要时乙二醇系统再把热传递出去。

要实现热能高效利用，第一个环节是密闭集输和密闭处理，这样方便把热集中起来。注入地层的热能，有三分之一随着高温采出液和蒸汽返回地面，这部分蒸汽通过密闭集输，集中到处理站里，随后蒸汽中的热被换到乙二醇系统中暂存，冷凝后蒸汽变成水，再回到水系统中。而高温采出液通过密闭集输进入高温密闭脱水系统，脱水后，油和水多余的热量也被回收到乙二醇系统中暂存，整个过程没有热损失。

第二个环节是通过乙二醇换热系统作为中间介质，把热量传递给需要的各个用户。乙二醇换热系统高温段140℃，低温段50℃，这中间的90℃的温差可用于冬季采暖或将水处理后80℃的净化水升温至120℃再回注锅炉等。

第三个环节是管网的保温，因为集输管线温度180℃左右，注汽管线温度达300多度，而且管网遍布地面。如果不注重保温，会散失许多热量。项目组研发了各种管网高效保温隔热结构材料，最大程度减少散热损失。

第四个环节是通过烟气回收装置，把100多度的锅炉烟气中的热量回收。

通过这4个环节，基本上有效控制了超稠油SAGD开发地面工程全流程中的散热点，每年可以节约五六十万吨标煤的热量。

实现水资源高效利用的核心就是采出液脱水，因为锅炉把水烧成蒸汽注入地层，其中 80％ 的水会随着采出液返回地面，采出液脱水分离后的采出水经过水处理，再次回注锅炉用于产生蒸汽。整个流程下来可以实现 95％ 的采出水回用，对于风城油田每天 7 万方的采出水来说，采出水回用的经济意义和环保意义不言而喻。

2018 年夏天投产的拥有 120 万吨 SAGD 采出液处理能力的风城二号稠油联合站二期工程全部实现上述的所有环节，形成了以"高干度注汽、高温集输、高效脱水、低成本污水回用"为特点的超稠油地面工艺模式，成为国内首个超稠油水热资源高效利用工业化的全流程密闭处理站。

在新疆油田公司实现超稠油开发水热资源高效利用的过程中，其中的关键技术循环流化床锅炉和高温密闭脱水工艺，一举成为国内领先、国际一流的技术。

回用稠油净化污水的循环流化床锅炉更是属于世界首创，填补了国内外在燃煤注汽锅炉上的技术空白，获得专利授权 6 项，其中发明专利 3 项。该锅炉以分段蒸发水循环技术与"流态重构"理论协同创新为基础，实现了锅炉的节能高效，锅炉出口蒸汽过热 5 ~ 30℃，吨汽成本下降 40％，并把锅炉用水矿化度限值由国际标准的 5 毫克／升拓宽到 2000 毫克／升，实现了高温污水回用。目前，该技术已推广至中石化胜利油田新春采油厂和加拿大多佛油田。

高温密闭脱水工艺则针对复杂采出液脱水难的问题，创新提出"破胶失稳——破乳脱水"油水分离机理，发明高温（180℃）脱水技术，研发耐220℃ 高温的有机化学药剂，突破了有机药剂合成温度小于等于 140℃ 的禁区，且加药量降低 80％ 以上。同时，基于仰角脱水装备的强制对流脱水工艺，使脱水时间由国内常规工艺的 120 小时脱水效率 95％，缩短至 4 小时脱水效率 99.5％，脱水效率提高 30 倍以上。

此外，和加拿大高温脱水工艺相比，该技术药剂耐温提高 40℃，加药量同比降低 25％ 以上，且处理原油黏度是国外同类技术的 5 倍。

上述全部技术及装备的应用，使新疆油田公司实现了水热资源综合利用率由传统的 75％ 提高到 95％ 以上，吨油单耗同比降低 21.4％，年节能效益达 9.5 亿元。克拉玛依油田稠油开采累计回用采出水 4.2 亿吨，相当于新疆油田公司 5 年用水量总和。

这些技术和装备用于风城超稠油开采已经清晰地展现了它的价值和意义。那么，如果向全世界拥有相似稠油的区域提供这项技术服务，其价值和意义将更加巨大。

青　山

第八篇

百折不挠 浴火重生

——克拉玛依油田注蒸汽开采后稠油油藏高温火驱开发攻关纪实

▲ 2018年7月23日，红浅作业区火驱先导试验区，应急抢险救援中心（原工程技术公司）作业人员和火驱点火车正在现场奋战。（牙地克·买买提江 摄）

　　早在1984年，克拉玛依油田就拉开了规模开发稠油的序幕。在那以后的漫长岁月里，克拉玛依油田主要采用注蒸汽的方式开采稠油。到2008年，在这种开采方式下，克拉玛依油田的主体开发区块已进入开发的中后期。虽然稠油平均采出程度只有25%，但采出液中的含水率已超过了85%。

　　采用注蒸汽开采方式开采稠油，就是把水加热成蒸汽后，通过注汽锅炉注入地层。经过几天"焖井"，让蒸汽扩散，稠油遇热变软变稀后开井抽油。但是经过一段时间后，稠油黏度又开始变大，逐渐恢复到原状。于是新一轮的注汽－焖井－采油又开始了。从生产原理上看，经过多轮次的蒸汽吞吐开发后，稠油油藏进入高含水、多轮次深度开发阶段，产量开始递减，经济效益变差。通俗一点说，当平均采出程度达到25%以后，再采用注蒸汽开发的方式开采剩余的稠油，已经是投入多、产出少了，很不划算。

　　但是，平均采出程度毕竟才25%，这意味着还有75%的稠油仍深埋在地底。

那么，有没有一项技术，能够在经济上划算的前提下继续开发剩下的那75%呢？新疆油田公司领导以及相关的石油工程技术人员开始了不懈的求索。

一、星星之火

在遍寻"药方"的过程中，"火驱"二字的出现，在他们心头燃起了希望的火苗。

火驱，也是一种开发稠油的方式。简单说，火驱就是火烧油层，也就是往油层注入空气，通过点火让油层燃烧，利用燃烧产生的热量加热油层，使原油裂解、降黏、流动，然后把变软变稀了的稠油抽出来，从而实现开发。运用这种工艺，地层中的稠油可以被"吃干榨净"，是迄今为止能耗最小、温室气体排放最少、开发效果最好的一项稠油开采工艺。利用这种方式开采稠油，具有热效率高、采收率高、节能减排等优势，采收率最高可达70%～80%。

这项技术起源于20世纪二三十年代，距今已有约100年的历史。从理论上来说，这项技术是稠油开采技术中能耗最小、热效率最高的技术，学术界一直比较认可。但从世界范围的应用情况来看，火驱一直处于"叫好不叫座"的尴尬境地。原因就在于，火驱技术虽然采收率高，但要使原油在地下燃烧，过程十分复杂，实施、控制、监测起来非常困难。

欧美开展的火驱试验，多在原始油藏上进行。而新疆油田公司想要运用火驱技术解决的，是注蒸汽开采后的稠油尾矿。这种稠油尾矿，经过了多轮次的蒸汽吞吐，由蒸汽冷凝形成了大量的地下水，由于这部分油藏含水不是原来就有的，所以被称为次生水体。与此同时，经过多次蒸汽吞吐后，稠油油藏形成了错综复杂的汽窜通道。在这种情况下进行火驱开发，需要搞清楚次生水体、汽窜通道和剩余油分布对火驱过程的影响。也就是说，在注蒸汽开采后的尾矿上进行火驱采油，开采难度要远远大于原始油藏。

然而，难度再大，也要迎难而上，这是克拉玛依一代代石油人的精神传统。

"放，放……送空气……"1958年7月的一天，阳光炙烤着位于克拉玛依市区东北两千米处光秃秃的黑油山，一群身穿红色工作服的小伙子面对着井口、背对着太阳，但脸上却感到更加灼热。汗水滴在井口钢制的套管头上，"嗞"的一声就化为气体不见踪影。因为从井口冒出的，既有来自一百多米深的地层里的热量，还有被大家点燃的"麻绳坨坨"涌上来的热浪……

他们是由新疆石油局克拉玛依矿务局生产技术处处长张毅组织起来的，正在黑油山地区进行"火烧油层"试验，这也是中华人民共和国成立历史上第一个"火烧油层"的试验！

彭顺龙就是他们中的一员，当年他们在张毅的组织带领下，开始了勇敢而艰难的探索。

可以说，当时在国内搞火驱是一穷二白，只知道有"火烧油层"这项技术，但"知其然不知其所以然"，如何点火，如何监测，可以说几乎是一无所知。

但就是在这样艰苦的条件下，"彭顺龙们"没有半点犹豫和畏惧，因为他们清楚，国内的油气产量，远远不能支撑新中国工业的发展，提高油气产量是国家战略的迫切需要。

火烧油层能否成功，关键就在于点火技术。克拉玛依人不了解世界上其他油田的点火技术，大家就用最原始的办法——用钢丝系着点燃了的、浸透燃油的"麻绳坨坨"下到井底。同时，他们自己造了一台小型的空气压缩机，向井下吹送空气。

1958 年 7 月初的一天，凌晨 3 点多，在床上躺了几个小时却怎么也睡不着的彭顺龙拉了一下床头电灯的开关，偷偷起了床。他抹了一把脸，带上工具，关上灯"偷偷"出了门。顺着准噶尔路往黑油山的方向走，一眼望去，所有居民住房的灯都已熄灭，他加快了脚步……到了黑油山，伙伴们

◄ 2012 年 5 月 23 日，风城油田作业区员工在重 18 井区火驱试验井场巡检设备。2011 年 11 月 25 日，国内第一个超稠油火驱辅助重力泄油先导试验在风城重 18 井区投产。（风城油田作业区供图）

早已在那里等着他了。当时，基础设施和各项保障条件非常简陋，进行如此复杂的科研项目，难度可想而知。但就连最基本的电力供应，也无法得到保障。在用大功率空压机向油层吹注空气时，由于克拉玛依电厂发电量小，只要空压机一启动，就要全城停电。因此，他们只好选择在夜深人静时"偷偷"来搞这项试验。

接二连三的失败，没有将克拉玛依人的信心压垮。终于，经历了近十天的煎熬，1958年7月16日，地下102米处的稠油被点燃了。虽然这把火只燃烧了6个小时就熄灭了，但却足以载入中国石油工业的史册。

之后，这群最早的探路人又陆续进行了几次试验。他们从汽车引擎打火的技术受到启发，采用"电火花打火法"自主设计制造了第一台"井下燃烧器"，并在1959年2月取得了初步成功。试验组在黑油山16号井进行试验时，周围的4口井中连续发现了二氧化碳，这表明油层被规模化燃烧了。邻近的生产井所产出的原油黏度明显降低，产量明显提高。

此后几年，新疆石油管理局又组织人力，先后进行了几次技术攻关，并在一定程度上破解了点火、热力驱动方式、送风方法、持续燃烧能力等一系列难题。1966年3月，黑油山4区火烧油层试验取得了成功："K-65型高效能井下汽油点火器"问世；有4口日产只有几百公斤的稠油井的产量提高了50倍以上。

二、火烧燎原

当时由于各种原因，克拉玛依"火烧油层"试验中断了，它重新出现在人们的视线中已经是16年之后了。1982年，油田工艺研究所副总工程师郎顺宗的论文《克拉玛依油田露头油层火烧法驱油模拟试验》在北京国际石油工程会议上宣读。从此，"火驱"的概念开始取代"火烧油层"的说法。

然而，"火驱"真正被重新重视，是在又过了26年之后的2008年。

进入"十二五"以来，中石油股份公司更加注重油田的开发效益和环境保护，特别是针对稠油油藏的开发，更注重经济效益和环保。克拉玛依油田稠油油藏的开发，相当长一个时期是以蒸汽驱为主。随着燃料价格的逐年攀升，成本压力增大，注蒸汽开采稠油也越来越跨不过经济效益这道坎，稠油老区转换开发方式已迫在眉睫，稠油的开发技术也需要不断突破和创新。

这时，人们又开始把目光转向了被闲置已久的"火驱"。如果"火驱"能够成功，它完全有可能成为一项在蒸汽驱开发后期，继续大幅提高采收率的接替技术，为稠油老区带来新希望。

新疆油田公司总经理陈新发认为，这是突破原有稠油开采方式的一个重大机会，也是克拉玛依油田稳产的难得契机。他召集稠油领域的专家和骨干，决定在克拉玛依油田再进行一次试验。

2008年11月，新疆油田公司启动了"红浅1井区火驱先导试验"，并在2009年初被中石油股份公司批准立项为"股份公司火驱重大试验项目"。

红浅1井区八道湾组砾砂岩油藏历经蒸汽吞吐和蒸汽驱开采后，因为没有经济效益，在1997年被废弃，采出程度仅达到28.9%。

"红浅1井区火驱先导试验"，就是要重新唤醒废弃了十余年的油藏，力争将未开采出的部分"吃干榨尽"。

然而，在废弃的油藏上进行火驱试验，别说在国内，就是在全世界范围内都没有先例。当时，世界范围内两个规模最大的火驱矿场试验分别在罗马尼亚和印度，但他们的火驱试验是在原始油藏上进行的，油藏没经历过注蒸汽开采阶段。而在国内，火驱技术尚属新型工艺，克拉玛依油田在注蒸汽后废弃的油藏开展火驱试验属于首例，没有可借鉴的成功实例，火驱试验在基础技术研究、火驱生产控制及矿场试验、管理的难度都很大。所以在废弃的矿场进行火驱试验，究竟要怎么做，大家心里都没谱。

万事开头难，开头是方案。该项目的工程技术负责人、新疆油田公司副总工程师张学鲁将方案编制的重任交给了石油工程技术专业科研单位——工程技术研究院。院领导经过研究，决定让副院长潘竟军具体负责这一工作。

虽然在石油工程技术方面的经验丰富，但这一次面临的情况，与以前遇到的都不一样，因为他们手里掌握的资料几乎为零。接到任务时，潘竟军心里七上八下。但他毕竟是"久经沙场"的人，经历了内心最开始的忐忑不安后，潘竟军迅速抚平心绪，开始整理思绪。

没有资料，那就搜集资料。时间紧迫，那就加班加点。接到任务后，潘竟军带领一众得力干将——陈龙、蔡罡、余杰、陈莉娟等，开始了攻坚战。

"孩子，注意劳逸结合，爸爸先去忙了！"2009 年 5 月 15 日，在电话中，蔡罡给女儿叮嘱完这句话，狠心挂断了电话，略一凝神，转身走进了会议室。其实，蔡罡多么希望自己此刻正在女儿身旁，陪她度过高考前的这段冲刺时光。还有，年迈的父亲病重正在住院，他多么希望飞回老家照顾他。想到这里，他眼睛一热，迎面撞上了余杰……

由于火驱开采技术的复杂性和特殊性，需要结合地质油藏、采油工程、地面工程、安全环保等多学科开展联合攻关，这就要求方案编制人员了解各项专业技术，本身必须是一个多面手。但归根结底，谁都不是天生的多面手。为了将方案编制得比较科学合理，项目组成员一边工作，一边学习，一边调研。

陈莉娟是 2008 年年底进入火驱项目组的，按照分工，当时她主要侧重于火驱项目的方案编制工作。对于她来说，这是从"零"开始的一份挑战：没有可借鉴的材料，要在很短的时间内了解各学科内容，还要与各个方面的负责人沟通，更要整合、总结、提炼。

2009 年的夏天格外炎热，凌晨 2 点，项目组办公室的灯还亮着，那是他们还在为方案的一个细节、某个关键点在反复讨论、反复修改。没有"虫声新透绿窗纱"，只有蚊子不断钻进未安装窗纱的窗户，叮咬着穿着短袖的项目组成员。第二天上班，当看到各自胳膊上被蚊子叮咬出的"大包小包"时，大家不约而同地笑了。

为了使方案既论证充分又结合实际，具备较强的可操作性，项目组成员之间要反复交流，密切配合，高度衔接。一环扣一环，确保了方案编写得科学合理。

在长达半年的时间里，他们夜以继日深入分析了国内前期开展的火驱试验

▲ 2018 年 8 月 9 日，应急抢险救援中心（原工程技术公司）员工在火驱点火集中控制台前控制液压系统。（牙地克·买买提江 摄）

的经验、教训，重点针对红浅这类浅层稠油油藏展开了一系列的技术攻关研究，经过 12 个版本的修改完善，第一个火驱方案终于出炉了。

三、火中取油

当然，方案只是一张"施工图纸"，要真正实现"滚滚油流火中取"，最核心的是要有比较成熟的火驱注气点火工艺，才能让这把火在 500 米甚至更深的"地宫"成功烧起来。而其中，点火器及配套设备研发是注气点火工艺的技术难点，可供借鉴的经验和资料很少。虽然像彭顺龙这样的"火驱"前辈曾经在黑油山进行过火烧油层试验，但当时设计的简陋设备早已不能满足火驱工艺的要求。

这项攻坚克难的工作，落在了工程技术研究院火驱工艺室主任蔡罡的身上。虽然他已是管理地面油气井方面的资深专家，但研制火驱点火系统，对他来说依然是一个全新的领域。

蔡罡与团队成员陈莉娟、余杰等人通过查阅资料发现，克拉玛依油田、胜利油田、辽河油田等开展火驱项目较早的地方，在点火过程中都先后遭遇过不同程度的烧坏电缆及加热器的情况。加热器究竟要怎么做？到哪里找合适性能的电缆才能避免出现这种情况？他们陷入迷茫。

当时，点火器还没有现成的生产厂家，他们决定从点火器相关产品——加热器生产厂家找起。

顺着这个思路，几经周折，他们最终在内地找到了一家合适的设备生产厂家，向厂家提出了点火器的结构设计、适应工况、关键技术、性能参数等相关工艺要求，并与厂家一起开展协同攻关。

2009 年 10 月 15 日，在新疆油田公司，经过近一年的潜心研发，第一台电点火器诞生了！看着眼前那个长 12 米、适用于 7 英寸（1 英寸 =2.54 厘米）套管的电点火器，蔡罡的眼神像一位父亲，他赶紧招呼团队成员，与这个"宝贝"亲密合影。

经过十多次室内检测和试验后，2009 年 11 月底，点火器开始进入试验现场。此时的红山嘴油田红浅 1 井区，光秃秃的戈壁已经是白茫茫一片。

往油井里下点火器之前，要进行设备连接、检测工作。零下20多摄氏度的气温为现场施工增添了难度。在地上连接设备线路的人员手指伸出来不到两分钟就会被冻僵，无法伸直。

现场实施人员中不知谁说了一句：要不拿电吹风试试吧。工作人员立即找来电吹风，接线前，先用电吹风吹一会儿，把手吹暖和了再去接线。过几分钟，手又冻僵了，就又拿电吹风吹上一阵子。这样反反复复多次，设备线路连接终于完成了。

受低温影响的，还有数字检测仪表。一旦温度下降到零下20多摄氏度，检测仪表就开始"罢工"，无法显示。陈龙二话不说，直接把电子仪表揣到怀里，用自己的体温和厚厚的棉衣来保温，等到要用的时候才小心翼翼地拿出来，一测完数据，又像对待宝贝一样赶紧揣到怀里。

在滴水成冰的冬天，火驱先导试验却进行得热火朝天。12月1日，火驱项目注气站投产试运行；12月7日，红山嘴油田红浅1井区008井启动点火程序；12月9日，红山嘴油田红浅1井区010井启动点火程序。

从点火的第一天起，潘竟军、陈龙、蔡罡、余杰等人就开始日夜轮流坚守在现场，密切检测记录点火参数及产出物中的二氧化碳、硫化氢和氧气等组分变化，判断地层的燃烧状况。

然而出师不利，在点火预注气阶段，他们从生产井监测到了大量氧气，这说明地下油层没有被点燃，或是点燃了但燃烧很不充分。

◀ 2017年11月29日，风城油田作业区员工在火驱注气设备前巡检。（风城油田作业区供图）

寒冬腊月，火驱实施现场红山嘴出现了大雾，大雾在各个井场迅速弥漫……这场大雾，就像此刻项目组成员的心情。

四、浴火重生

但这点挫折，打击不了项目组继续攻关的信心，更撼动不了项目组向火中取油的决心。蔡罡和项目组成员一起，每天蹲守在点火井周围的生产井旁，实时检测生产井产出的气体组分。

一天、两天、三天……渐渐地，氧气消失了，一氧化碳减少了，二氧化碳升高了。"二氧化碳已经达到 10% 以上，氧气接近零，说明油层被点着了！"电话里，蔡罡激动地向院领导报告了这一喜讯。

2009 年 12 月 19 日，新疆油田公司举行红浅 1 井区火驱项目投产仪式。

"出油了！出油了！"两个月后的 2010 年 2 月 25 日，红山嘴油田红浅 1 井区火驱先导试验生产井 2057A 现场一片欢腾，火驱生产井第一口井出油了！潘竟军高兴地看着从井口取样口取出的黑色泡沫状油品，一边在电话中兴奋地向院领导和油田公司领导汇报，一边招呼现场人员对样品进行分析比对。大家一致认为，这些黑色泡沫状的样品，就是原油经过火驱燃烧改质后出现乳化现象的油品。

同年 6 月 5 日，火驱先导试验区 012 井启动注气点火程序，6 月 25 日点火成功。至此，新疆油田公司红浅 1 井区火驱先导试验项目首批 3 口注气点火井全部完成点火工作。2011 年 7 月 21 日，根据方案，红浅二期工程实施的 4 口井也顺利点火。

围绕高效点火、生产过程监测、高气液比举升、安全井下作业等，新疆油田公司又相继组织开展了攻关，创新建立了火烧区带电阻率变化模型，攻克了火驱爆炸风险评价、井筒防腐、安全压井等关键技术，解决了高含水低含油储层火驱开发问题。红浅火驱生产运行十年来，实施了 13 个井组点火，成功率 100%，累计产油 15 万吨，将采收率提高了 35 个百分点，一座废弃多年的油藏"浴火重生"！

目前，火驱技术在克拉玛依油田可推广覆盖储量 1.3 亿吨，新增可采储量 4680 万吨。2018 年，红浅火驱工业化项目已投入现场实施，建成了"千井火驱三十万吨"生产规模，这对保障克拉玛依油田稠油老区持续稳产和可持续发展具有重大意义，那些注蒸汽开采后濒临废弃或已经废弃的油藏，即将迎来新生。

更为重要的是，新疆油田公司历时十年攻关形成的满足稠油火驱生产需求、具有自主知识产权的配套火驱开采技术，可进行规模化推广应用，将为国内乃至国外同类油藏进一步提高采收率做出贡献。

能做这样的贡献，是克拉玛依石油人的骄傲，是新疆油田公司的骄傲！

刘　奎　高迎春

第九篇

重大装备 开发利器

—— 克拉玛依油田研发稠油开发重要装备纪实

▲ 2016 年 2 月 25 日，科研人员在风城油田作业区火驱现场跟踪水平井产出气、液处理情况，并录取相关资料。（风城油田作业区供图）

　　工欲善其事，必先利其器。对一个油气田的勘探开发而言，随着理论认识和技术水平的不断提升，往往会带来发展上一次次质的飞跃。而其中，石油装备所起到的推动和促进作用同样不可忽视。因为，新的理论与技术往往要"物化"为具体的机械装备，才能发挥出科技进步的威力。装备，是新理论新技术的载体。

　　"钻头不到油气不冒，装备不强油气难长。"这句很多老石油们常常提到的顺口溜就形象地指出了石油装备对于油气勘探开发生产的重要性。

　　纵观克拉玛依油田稠油开采几十年的发展历程，正是伴随着一个个重大装备利器的诞生，才让科技人员层出不穷的想法最终变为现实，才使各项先进的技术手段最终成功运用。

　　也正是在这一个个"金刚钻"的开路下，开发克拉玛依稠油这个世界级难题的"瓷器活"才有了最为现实的前提和保证。

一、现实掣肘

1983年3月，石油部全国稠油资源开发会议在北京召开。会上，辽河油田负责人关于稠油勘探开发成果的汇报，让前来参加会议的克拉玛依石油人艳羡不已："咱克拉玛依也有稠油呀！"

早在1958年，时任克拉玛依矿务局生产技术处处长的张毅，就带队对克拉玛依风城地区的这种难以流动的原油进行过开采试验。也是在这次会议上，让此时已担任新疆石油局局长的张毅重新拾起了二十多年前的梦想——是时候开采克拉玛依风城的稠油了。

但与普通稀油的开采不同，要让这种流不动的油流起来，面临着太多的难题，其中一个关键的问题是对开采工艺的要求。于是，他把探路先锋的工作交给了新疆石油管理局油田工艺研究所。

于是，从那一年起，工艺研究所所长王国瑞带领着一支由130人组成的"热采队"，在风城油田围绕这样一个问题开始了攻关：如何让稠油产生流动性——既能够从地底下被采出来，还能够通过管道或车辆进行运输。

事实上，对于这个让人发愁的稠油，国内外所有技术手册的定义是这样的："黏度小于1万厘泊的，叫作普通稠油；1万厘泊至5万厘泊，叫作特稠油；大于5万厘泊的，叫作超稠油。"而王国瑞他们面对的超稠油，黏度是95万厘泊。

按照当时的资料，"热水循环降黏法"可以使超稠油黏度降低到产生较好的流动性。"但面对风城油田这样高黏度的超稠油，如果采用'热水循环法'，所消耗的煤和泵送热水耗电的成本太高，显然是无法承受的。"

于是，热采队想到了另一种化学方法：在稠油中加降黏剂。

经过十几种配方、一百多次室内试验，王国瑞他们找到了"风 3 号"和"风 4 号"两种最佳配方，把 95 万厘泊的超稠油黏度降到了 79 厘泊。这个黏度使超稠油机采成了可能。但在进一步的工业化推广中，研究人员发现，仅仅加入降黏剂不够，还必须将物理和化学手段相结合。

"先向油井内注入蒸汽，关井一段时间，待蒸汽的热能向油层扩散后，超稠油的黏度大大降低了，就可以开井生产。"王国瑞采取的这种方法，叫作"蒸汽吞吐法"。

可即使采用这种方法，影响开采效果的因素仍有很多，最主要的是"蒸汽干度"，也就是纯粹的水蒸气的比例。但当时采用的国产锅炉产生的蒸汽干度只有 30%，一口井每天只能采出不到 1 吨的超稠油。

1984 年，油田工艺研究所副所长彭顺龙只得带人到国外考察高干度锅炉，

▲ 2012 年 5 月 21 日，风城油田作业区员工在巡检新装置。该作业区旋流除油试验于 2010 年 6 月启动，除油率可达 90% 以上，有效降低了污油产生量和污水后续系统的处理压力。（风城油田作业区供图）

并在美国订购了两台，这两台锅炉产出的蒸汽干度达到了 60% ~ 70%。

考察热采稠油效率的最主要指标是油汽比：注入的蒸汽越少，采出的稠油越多，效率就越高。

用国产锅炉热采的油汽比不到 0.1，而这两台美国锅炉可以使油汽比达到 0.2——超出了一倍多。从经济效益的角度讲，油汽比达到 0.2%，风城的超稠油可以实现稠油的工业化开采。

这一巨大的差距让大家一下看到了自身在设备上的明显不足，也让很多人开始意识到，没有先进的石油装备作为依托，即使认识到问题所在，也无法有效加以解决。

二、厚积薄发

2012 年 8 月 22 日，由新疆油田公司工程技术公司经过 4 年攻关研发的"高干度油田注汽锅炉和高干度蒸汽生产方法"，获得国家发明专利。

这一装备的问世，为克拉玛依油田超稠油的开发又一次带来了福音。

超稠油因其黏稠又容易凝固，很难被开采出来，因而被称为"流不动的油田"，是世界公认的原油开采难题。整个中国发现的稠油地质储量有十几亿吨，其中风城油田占了近四亿吨。如何让风城近四亿吨储量的超稠油从地下来到地面"重见天日"，发挥其重要的经济和国防建设价值，是克拉玛依油田多年的夙愿。

在稠油开发的长期攻关中，工程技术公司作为克拉玛依油田装备制造的大本营，始终依靠"自主研发"，为取得这场战役的胜利不断攻坚克难。而长期困扰大家的在稠油开发中锅炉蒸汽干度问题就是他们一直关注的重点。

以在风城油田实施的 SAGD 技术而言，它要求注入井底的蒸汽干度 ≥ 70% ~ 75%，而用普通锅炉的话，注入井底的蒸汽干度通常不到 50%。别看两者只是在数字上相差了 20%，但要把 50% 变为 70%，却需要分别攻克高效汽水分离、饱和浓盐水掺混汽化、过热、再掺混一体化、燃烧工况自动调节、配套高温水处理、触摸屏控制系统等一系列核心技术问题，并将其融合成一个稳定高效的运行体系并形成量产，难度非常高。

◀ 2020 年 9 月 21 日，风城油田作业区员工在重 32 井区检查注汽锅炉运行情况。（闵勇 摄）

技术人员决定专门为此研制配套的系列油田过热注汽锅炉。

工程技术公司产品开发研究所所长周建平非常清楚：如果 SAGD 可以成功应用，那将让克拉玛依油田稠油开采实现跨越式发展，与之匹配的油田过热注汽锅炉性能也要实现跨越式发展，而且已迫在眉睫、刻不容缓！

虽然当时国内外并无这种锅炉成功研发的先例，但公司二十多年的锅炉研制实践经验给了大家信心。技术人员下定决心一定要啃下这块"硬骨头"：国内外没有的产品，不代表我们就不能生产出来！

一支由十多名技术研发骨干组成的"高干度过热注汽锅炉项目研发小组"迅速组建。走在这条从无到有的创新之路上，队员们都做好了"吃苦"的准备。

三、摸索前行

首先要进行项目调研。研发小组多次与国内知名锅炉制造厂家进行学习交流，从海量的相关技术资料中收集、分析、整理任何可能有用的信息。

周建平回忆道："当时我们研制油田过热注汽锅炉的知识和经验比较欠缺，遇到研发难题找不到症结时压力非常大，但我们非常乐观、信心十足，坚信一定能攻克各种难题。"

研发小组结合 SAGD 开发工艺的特殊要求，在常规锅炉的基础上，针对过热器、分离器、掺混器、自动化系统等核心部件进行了重新设计并不断优化改进。而在油田过热注汽锅炉在风城油田重 32 井区、重 37 井区试运行时，研发设计、调试人员都生活在井场。

试运行中，由于储层比预期的复杂，发生了井下筛管受汽窜出砂破坏，举升能力不足导致蒸汽室不能向下推进，蒸汽压力过低等实际运行方面的技术问题。

"问题"就是命令，不管白天晚上，只要有问题，研发小组立马就在现场研究解决。锅炉房噪声特别大，操作人员需要戴耳塞保护听力，研发人员在里面进行调试往往一待就是五六个小时；夏天，锅炉房里温度有时能高达六十多摄氏度，研发人员带着防暑药品，往往一进去就是半天，出来时全身上下早已被汗水浸透；白天现场调试改进，晚上继续设计、计算、绘图……

路亚莉是小组里唯一的女士，2008 年开始现场试验时，她的孩子刚刚一岁多，而她驻扎在风城试验现场，两三个月才能回家一次。每次回家她抱着孩子亲了又亲，舍不得放手，对孩子的思念和愧疚交织在一起的复杂感受，常常让这位年轻的母亲心碎……

春去秋来，几度寒暑，研发小组全体成员以信心为支柱，互相支持、互相鼓励，一路摸索前行。

四、大显身手

2008 年 8 月 22 日，经过不断研究、改进、优化设计，克拉玛依油田第一台油田过热注汽锅炉自主研发成功，并向国家知识产权局申报国家专利；2009 年 10 月，经过优化改造后的油田过热注汽锅炉样机投入试验，锅炉蒸汽出口干度可达100%，过热度可达到25℃，完全满足SAGD对"蒸汽"的技术要求。

2011 年，锅炉实现批量生产，首批 6 台油田过热注汽锅炉陆续在风城重 18 井区顺利投产，有效满足了油田特超稠油注汽开发工艺需求。

2012 年 8 月 22 日，工程技术公司"高干度油田注汽锅炉和高干度蒸汽生产方法"获得国家知识产权局颁发的发明专利证书。

研发小组成员纷纷感慨道："终于能松一口气了！"

数据显示，运用普通锅炉进行蒸汽吞吐和蒸汽驱等传统稠油开采方式，采收率一般在 22% ~ 28%。而应用"高干度油田注汽锅炉和高干度蒸汽生产方法"专利技术，使稠油采出程度达到 50%；单井产量达 45 吨以上，是普通直井的 10 倍、水平井的 5 倍；油汽比达到 0.48，超过了方案设计指标。在节能方面，已投入使用的 19 台油田过热注汽锅炉，年节约清水（减少污水排放）16.8 万吨，年节省天然气 2535.8 万立方米。而 2535 万立方米天然气相当于当时克拉玛依全体市民一年的天然气消耗量。

经过近几年的不断研发和改进完善，目前该类型锅炉从点炉到产生过热蒸汽已全程实现自动化控制管理，无须人员值守，技术创新水平在国内首屈一指。

几年来，该公司还先后设计开发出 SAGD、火驱专用井口装置等，有效满足了油田不同工况的稀、稠油开发要求。

2012 年 9 月，在中国（克拉玛依）国际石油天然气及石化技术装备展览会上，工程技术公司的注汽锅炉、抽油机、井口装置等六大系列特色装备在克拉玛依会展中心集体亮相，向国内外友人充分展示了工程技术公司技术成熟、服务广泛、一体化工程技术保障的优势。

五、助力火驱

国内各油田稠油老区注蒸汽开采已进入开发后期，面临采出程度低、油气比低、吨油操作成本高等问题，亟待寻求接替开采技术。

火驱技术是通过注气井连续注入空气，点燃并加热油层，将原油推向生产井的一种稠油热采技术，具有热效率高、采收率高、节能环保等优势，是比较理想的接替开采技术，新疆油田公司于 2008 年启动了"红浅 1 井区直井火驱先导试验"，这是中石油首个自主管理、自主开发的火驱项目。红浅 1 井区火驱先导试验经过近 8 年的室内攻关和现场试验，使这个蒸汽开采后停产 10 年的废弃油藏重新产油，阶段采出程度达到 22.5%，取得了阶段成果，形成了配套技术，具备了工业化开发的条件。

在火驱试验项目中，点火工艺技术是火驱采油的关键技术之一，为此承担任务的工程技术研究院科研人员经过 8 年现场试验和室内攻关自主研制了固定式、小直径移动式、连续管一体式等系列点火器和配套车载点火装置，实现了点火设备的"自动化、模块化、标准化、系列化"，可以满足不同井型、深度的点火需求，为火驱技术的推广应用提供了重要的技术支撑。

火驱监测技术是生产调控、安全生产以及能否顺利实施的关键。针对火驱高温、高产气两大生产特点，工程技术研究院先后研发了井下温度压力监测技术、产出气监测技术、火线前缘监测技术相结合的火驱动态监测系列技术，整体达到国际先进水平。

六、保障 SAGD

▲ 2020 年 9 月 21 日，风城油田作业区 SAGD 一号采油站，一架架稠油开采装置矗立在注汽管线交织的生产现场。（闫勇 摄）

SAGD 即蒸汽驱重力辅助泄油技术，是目前世界上最先进的稠油开采技术。

2008 年 10 月 1 日，在股份公司的一个实验项目——风城油田重 32 井区 SAGD 先导试验区，第一对 SAGD 水平井完井。这对水平井的完井，意味着克拉玛依油田通过科技创新，在超稠油开发技术的探索上又前进了一步。

克拉玛依油田稠油超稠油资源丰富，浅层稠油经过二十多年的规模开发，已形成配套技术。但对于 50℃ 原油黏度 2×10^4 毫帕·秒以上的超稠油缺少有效开采技术，采用常规注蒸汽开发方式难以有效动用。

对于采用常规热采技术无法经济有效开采的油砂和超稠油而言，SAGD

技术无疑是一种有效的开采技术。

然而，随着井控安全要求的提高和带压作业工艺技术的推进，技术人员发现原有 SAGD 井口的产品结构和管柱悬挂方式不能满足返液和后续作业的需要。

针对这个问题，工程技术研究院科研人员经过攻关自主研制了新型 SAGD 芯轴式平行双管井口，以满足 SAGD 开发工艺及热采带压作业的需求。

"新型 SAGD 井口，不仅能够满足 SAGD 注汽阶段注汽、测试、返液及后期生产的工艺过程要求，而且解决了后期修井过程的井控问题，为新疆油田公司 SAGD 工艺的应用和完善奠定了装备基础。"工程院研究所产品设计人员申玉壮介绍。

不仅如此，通过多年攻关，该院技术人员还研发形成了浅层双水平井 SAGD 钻采工程配套技术体系，自主研制了完整配套的钻完井、注汽、举升、监测等配套工艺及设备，保障了风城油田作业区难动用浅层超稠油油藏的规模化开发。

SAGD 开发主要有双水平井、直井 - 水平井组合和单水平井 3 种布井方式。其中双水平井 SAGD 蒸汽腔发育体积大、驱油效率高，而双水平井 SAGD 从预热启动到正常生产这一过程产油量很少，且通常需要 3 ~ 6 个月甚至更长时间，导致蒸汽消耗量大、能量利用率低及产出液处理难等一系列问题。

同样，针对这一系列问题，工程院技术人员根据风城超稠油油藏具有黏度高、渗透率低、导热系数低、非均质性强的特点和风城油砂特征，开展了风城油砂扩容机理研究、理论模型、研制施工设备及配套工艺，形成 SAGD 快速启动技术，实现快速建立井间连通。实施这一系列技术的油井，平均缩短预热周期 60%，节约蒸汽 54%，这一系列技术打破了技术垄断，填补了国内空白，实现了技术国产化。

针对 SAGD 技术，仅新疆油田公司工程技术研究院就通过攻关，形成了 7 项发明专利、29 项实用新型专利、7 项标准（规范）、1 套软件、23 套工具、21 篇论文、2 部著作等成果，总体水平达到了国际领先水平。

七、安全稳产

了解稠油生产的人都知道，放套管气是稠油生产最为日常也最为重要的一项基础工作。在开发稠油过程中，油井套管内会产生大量气体，如不及时排出，将会影响油井的正常生产。

这种生产特性要求油井每天都要进行套管气放压，由此就产生了两个问题。一是员工劳动强度大。目前，风城油田采油一站开井数量在930口以上。按照风城油田作业区要求，每口井每天需要放套气2～3次，上产时期甚至增加到3～4次。这使得一线员工们劳动强度很大，而且当井下压力较大时，人工完成一次放气少则10分钟，多则半小时，劳动效率较低；二是环境污染，放压管线架设在地面上，放气时产生噪声，且井下压力容易把原油携带喷出，造成井场地表和空气污染。

通过自主研究，工程院技术人员发明制造了井下定压放气阀，这一装置的应用可以在很大程度上解决这个难题。放气阀被安装在稠油井上下油管之间，当油井内的套管环形空间气体压力高于油管内部压力时，气体进入油管内腔；当套管内的气体压力低于油管内压力时，气体由套管进油管，以此达到稳定放气的效果。

2013年，风城油田作业区在重32井区20口井上安装了这种放压阀，结果显示，安装放气阀的油井产量明显高于相邻的同轮次油井，稳产效果显著。

人们运用科技发现了稠油，承载着新技术新工艺的机械装备又助力了稠油开采。回顾克拉玛依油田几十年的稠油开发历程，各类重要装备为稠油开发不断注入着蓬勃的生机。我们相信，随着更多新装备的不断诞生，克拉玛依的稠油开发必将得到更加有力的保障。

胡伟华

第十篇

重大创新 利国利民

——克拉玛依油田稠油开发技术创新的综合效益分析

▲ 2012 年 9 月 5 日，忙碌一天的风城油田作业区员工登高望远，夕阳下的稠油生产基地与雅丹地貌构成一幅唯美风景。（风城油田作业区供图）

稠油，又被称为"流不动的油"。克拉玛依油田的稠油中，超稠油占了很大比例。超稠油比一般稠油黏度更大，状如"油饼"，即使一个成年人站在上面，也不会发生变形。这样的稠油，用常规的开采方法显然是不容易采出的。但它又被公认为 21 世纪最具前景和最为现实的接替资源，据不完全统计，当今世界上稠油探明储量 8150 亿吨，占全球石油剩余探明储量的 70％，具有广阔的开发前景。中国油企在海外的矿权储量中，稠油就达 139 亿吨，比整个准噶尔盆地的油气资源量还大。

因此，如何安全高效地把稠油采出来，成为世界公认的急需解决的原油开采难题。

而在我们脚下的准噶尔盆地，稠油更是优质环烷基稠油，有稠油中的"稀土"之誉。克拉玛依油田稠油的开发，已不仅具有能源意义、资源意义、经济意义，更具有国防意义和国家战略意义。

从 20 世纪 90 年代起，克拉玛依油田就开始正式进行稠油开发。二十多年来，克拉玛依石油人披荆斩棘、勇于创新，突破了一系列关键性技术难题，把不可能变成了可能，创造了一系列领先国内国际的先进技术，成功地进行了浅层稠油的开发，为国家做出了巨大贡献。

一、技术突破　破解开发难题

　　"把稠油技术攻下来才算大学毕业。"作为我国稠油热采技术的开拓者之一，刘文章教授在 20 世纪 70 年代末期曾经对自己的学生说过这样一句话。这句话既道出了石油科技人员对开发稠油的追求，却也包含着更多的无奈。

　　中国对稠油热采技术的探索，可追溯到 1978 年的那个春天。随着当时辽河、胜利等一大批新油田的发现，石油工业进入了发展新时期。

　　1978 年 3 月，石油部勘探研究院召开的油田勘探开发技术座谈会上，有人汇报不仅在胜利油田发现了稠油，而且辽河油田发现了储量很大的高升油田，储藏也是稠油，而人可以从地面油池走过去，当地老乡的一匹马掉入油池被黏住出不来，后来用吊车才把马吊出了油地。

　　眼看着到手的资源却取不出来，"油稠，人愁，油不流"这句顺口溜便成了当时不少石油人面对稠油时的最真实的心理写照。

　　但是克拉玛依油田面临同样的问题。以风城油田为例，1982—1984 年，从重检 1 井到重 32 井。30 多口"重"字号井的资料，让一个地下巨大宝库的轮廓越来越清晰地展现在克拉玛依石油人面前：这里可能有数亿吨的

▲ 2020年9月22日，红山公司稠油开采区块，一排排丛式井平稳运行。稠油开采技术的不断进步，让稠油生产老区焕发持久生产力。（戴旭虎 摄）

稠油！

但限于当时的科研和生产力量，在随后的二十多年时间里，克拉玛依油田的几代科技人员对风城的稠油，一直是采取"分层探明"的模式进行探索，也就是"打小规模局部战斗"。

随着时间的流逝，经过近六十年来的规模开发，准噶尔盆地整装优质规模的探明区块越来越少了，可供开发油藏的品质在变差。年产千万吨以上的克拉玛依油田，40%以上的原油产量是靠稠油和超稠油支撑。

但克拉玛依油田的浅层稠油埋藏浅、储层疏松、油层薄，原油以"半固－固态"存在于地下。同时，在用蒸汽吞吐方式开采后仍有75%的剩余油滞留地下，如何进一步大幅度提高采收率？另外，注蒸汽开采后期濒临废弃的稠油油藏，如何焕发其活力进一步提高采收率？

"这些难题一直困扰着我们对浅层稠油进行质量效益开发，就像是一道跨不过去'坎儿'。"中石油集团公司高级技术稠油专家、新疆油田公司企业技术专家孙新革说。

克拉玛依油田集中于风城地区，那里的稠油是超稠油。超稠油开发属于世界性难题，超稠油的常规开发稳产期一般只有 3 ~ 5 年。因此，超稠油高效开发成了克拉玛依油田开发领域要面对的一个更难的难题。

这些难题都无法绕过，只有确保稠油稳产上产，才是新疆油田公司实现年产量稳中有升的重要保障。

无论是普通稠油还是超稠油，克拉玛依石油人都要想尽办法提高采收率，这才是"硬道理"。同时，为满足国家对优质环烷基稠油的战略需要，中石油集团油气中长期发展规划提出，2015 年新疆油田公司浅层稠油年产量要达到 500 万吨，并在 400 万 ~ 500 万吨之间持续稳产 15 年以上。

为实现这一目标，新疆油田公司联合中石油勘探开发研究院、中石油建设有限公司新疆设计公司、提高石油采收率国家重点实验室等 7 家单位，先后组建了两千多人参加集研究、试验、推广于一体的科研团队，从 1996 年开始陆续启动了一批国家、集团公司和油田公司级科研项目，累计投入四十多亿元。

经过二十多年的攻坚探索和不懈努力，最终联合攻关团队取得了薄油层多介质复合吞吐、超稠油双水平井 SAGD、砂砾岩特稠油蒸汽吞吐转蒸汽驱、注蒸汽后废弃油藏火驱等 4 个方面的创新成果，并形成了新一代浅层稠油开发技术体系，推动了克拉玛依稠油资源的规模有效动用，累积采出稠油 7380 万吨，实现生产总值 1663 亿元，创造直接经济效益 461 亿元，并引领带动了我国石油开采、炼化、制造等行业的技术进步。

孙新革说，"2015 年新疆油田公司浅层稠油产量已实现年产 500 万吨的历史性突破。"这些年来，新一代浅层稠油开发技术体系一直支撑着新疆油田公司浅层稠油年产量保持在 400 万 ~ 500 万吨之间，油田公司浅层稠油主体油田的采收率也已突破 55%。其中，SAGD 技术的突破成为确保稠油开采和油田上产最有力的手段之一。

如果人眼拥有 X 光一样的透视能力，穿过风城油田黄沙覆盖的地层，在一对抽油机下，就会看到以一定垂距延伸的两条管柱。当原油被位于上方水平井注入的源源不断的蒸汽蒸得稀溜溜时，就在重力作用下，汇集到下方水平井中，进而被抽油机吸离"地宫"。这就是"SAGD双水平井开采技术"的原理。

SAGD就是"蒸汽辅助重力泄油技术"，是目前世界上最先进的稠油开采技术。新疆油田公司在对风城油田进行超稠油开发之初，采用了国际上相对成熟的热采技术——蒸汽吞吐技术。但是，由于蒸汽加热范围有限，原油采出程度不高，采收率只有20%～30%。

于是，科技人员开始寻找一种更有效的注汽手段。从2007年起，新疆油田公司在充分调研国内外超稠油开发的先进技术和成功经验的基础上，历时两年完成了《风城油田超稠油SAGD开发先导试验方案》的研究编制。这一试验在2008年被中油股份公司列为十大开发试验项目之一。

2008年年底，新疆油田公司在风城油田重32井区建成了国内首个SAGD试验区。通过试验取得了SAGD生产规律、阶段划分、工艺配套技术等方面的诸多新认识。

从2010年起，这项技术开始在风城油田大规模实施。经过4年的努力，风城SAGD开发技术取得了重大突破——形成了一整套适合风城浅层超稠油SAGD开发的配套工艺及技术，建立了浅层超稠油SAGD完井、大排量有杆泵举升、SAGD双管井生产测试井口、循环预热与生产阶段注采井管柱结构、水平井与观察井温压测试、SAGD水平井调试等8大主体工艺技术，并自主研制了系列工具及设备，取得专利26项。生产调控技术与分析管理方法初步形成，实现了国内浅层超稠油SAGD技术突破并规模推广。

正是在一项项技术突破的引领下，新疆油田公司对稠油开发的不断推进，有力地支撑了克拉玛依油田持续千万吨稳产上产。

据统计，自1996年以来，新疆油田公司稠油产量从180万吨大幅增长到2014年的533万吨，占新疆油田产量的半壁江山，净增量350万吨，而同期全油田的总产量净增只有354万吨，可以说都是稠油的贡献。

新疆油田公司党委书记、总经理霍进说，克拉玛依油田能够实现连续17年千万吨稳产上产，稠油功不可没。如果没有技术的突破，就没有稠油开发的崭新局面，也更没有今天新疆油田公司的产量规模。

▲ 2019年9月8日，红浅作业区火驱先导试验区，应急抢险救援中心（原工程技术公司）作业人员正在现场奋战。（牙地克·买买提江 摄）

二、科技创新赢得经济收益

2009年12月23日，中央电视台《新闻联播》栏目以"稠油开采新工艺在新疆克拉玛依投产"为题报道了克拉玛依油田红浅1井区火驱矿场先导试验情况。

报道中说："一项稠油开采新工艺在新疆克拉玛依油田成功投产。这项工艺可将稠油中无法被开采利用的少量成分就地燃烧，产生热能和动能驱动其余约75%可以被利用的成分到达能够开采的位置。"

报道中所说的新工艺便是火烧油层关键技术，是除SAGD外，大幅度提高稠油采收率的主体接替技术。

火烧油层又叫火驱，是一种注空气的开发方法：把空气注入油层并点燃稠油，利用燃烧产生的热量加热油层，使稠油裂解、降黏、流动，产生轻质组分，然后采出能流动的原油。运用这种工艺，地层中的稠油可以被"吃干榨净"，是迄今为止能耗最小、温室气体排放最少、开发效果最好的一项稠油开采工艺。

针对注蒸汽开发稠油油藏到开发中后期油汽比低、含水率高、经济效益低下的现状，新疆油田公司以一个注蒸汽后已废弃十多年的油藏为研究对象，在注蒸汽后火驱机理研究方面取得重大突破。这是国际石油领域首例在废弃油藏上进行的火驱试验，受到了国内外广泛关注。

在实验研究过程中遇到了很多困难，与国外开展的原始油藏火驱开发不同，油藏注蒸汽后火驱面临着更多的挑战。科研人员依托国家重大科技专项"稠油／超稠油开发关键技术"，以室内基础试验、油藏数值模拟与矿场试验相结合的方式，对各个问题逐一展开针对性的攻关，攻克了低含油饱和度油藏点火、火驱油藏工程设计、火线前缘预测与调控等核心技术。他们成功编制了中石油第一个火驱重大先导试验——新疆红浅1井区火驱试验方案并付诸实施。

截至2012年年底，试验区日产量达到50吨，已累计增产原油23000多吨。平均单井日产油量2.5～3.1吨，比注蒸汽期间平均峰值产量高出50％以上，吨油操作成本降低50％以上，预测最终采收率可达65％，采收率在注蒸汽基础上提高35个百分点。

无论是室内研究还是矿场试验都表明，火驱技术已经成为稠油注蒸汽开采之后继续大幅度提高采收率的战略性接替技术。技术覆盖地质储量3.9亿吨，技术推广后预期增加可采储量1.1亿吨以上。按目前稠油平均开采水平计算，相当于新增探明储量4亿多吨，这将是一笔巨大的财富！

事实上，稠油开发技术创新所带来的经济收益，不仅体现在整体储量的增长上，更体现在开发进程的每一个环节之中。

克拉玛依油田稠油开发主战场是风城油田。2011年元旦之夜，新疆油田公司勘探开发研究院开发所稠油项目组的办公室依然灯火通明，孙新革、木合塔尔、杨智等研究人员正在加班编制"风城超稠油开发井位现场实施方案"。3个月之后，他们参与编制的"风城超稠油油藏全生命周期开发规划方案"正式启动。

风城超稠油开发后，可实现新疆油田公司稠油持续增产。同时，风城超稠油的开发是新疆油田公司首次以经济效益为衡量指标，对油田开发进行全生命周期管理的尝试。由此，新疆油田公司成为中油股份公司推行"油田开发项目全生命周期管理"的第一家试点单位。

根据这一开发规划方案，风城超稠油油藏是克拉玛依油田稠油接替区。风城油田超稠油开发方案设计至2042年，累积建产能将达1270万吨，年产油400万吨规模，稳产17年，时间跨度超过了30年，囊括了风城油田超稠油所有区块，从整体勘探、油藏评价，到产能建设期、稳产期、递减期都进行了详细方案设计，其规模创全国之最。

全生命周期，是指以油田或区块资源整体探明准备开发为起点，到油田开发没有经济效益时结束。全生命周期管理编制的开发方案是以保持较高效益下长期稳产为目标，并强调控制生产成本。

在过去传统的开发方案中，开发年限是人为确定的固定期限值，稀油期限一般为15年，稠油为8年，最多不超过10年。

传统开发方案编制较为简单、操作性强，但也有一定局限。

"一般产能规模较小，没有接替措施和方案，按年限实施结束后再根据油田情况编制调整方案，这样就缺少长远规划，而且，实施过程中主要以得到产量为目标，往往不考虑投入与产出比。"孙新革说。

但按照全生命周期管理编制的开发方案，不仅时间跨度长、涉及面广，而且需要全面分析各种信息和数据，然后再根据市场和利益相关者的需求，

◀ 2012年5月15日，风城油田作业区员工正在注汽锅炉水处理间巡检。（风城作业区供图）

合理确定油田或区块的总体目标及价值，是提高油田管理水平和效益的有效方式。

孙新革说，"未来克拉玛依油田稠油要实现持续增产，使用全生命周期管理理念开发风城超稠油能保证它的稳产期，实现持续的产能接替。"

经过几年的实践证明，风城超稠油油藏的全面开发，不但确保了新疆油田公司稠油持续增产、为今后超稠油油藏开发做好技术储备，还为克拉玛依石化公司千万吨炼油项目提供了原料保障，为克拉玛依地方经济发展和增加地方税收带来了积极的促进作用。

三、自主创新实现绿色生产

"绿水青山就是金山银山"，自党的十八大以来，这是每一个中国人的共识。保护生态环境，就是保卫我们生存的家园。但与此相悖的是，但凡工业生产，必然会产生污染物。传统的稠油开发方式也是如此，要排放大量污水和其他废料。

如果直接排放势必会对自然环境产生污染和破坏。随着新环保法的实施和《水污染防治行动计划》《大气污染防治行动计划》《土壤污染防治行动计划》的相继出台，国家对工业排放提出了更高更严的要求，所有排污单位必须实现全面达标排放。

这对稠油产量已占油气产量规模近一半的新疆油田公司而言，无疑是一个巨大的挑战。稠油开发过程中污水软化过程将排放含盐废水。因此，稠油外排污水的达标处理，意义十分重大。稠油外排污水中石油类、挥发酚、COD 等污染物存在超标情况，且具有高温、高盐、高矿化度等特点，处理起来难度也很大。

稠油外排污水达标处理面临的主要难题有：一是高温、高盐对微生物有毒害和抑制作用，可选择的适应高温高盐的菌种较少。二是高矿化度造成水体腐蚀性强、易结垢，对设备的腐蚀性强。三是采用常规生化技术，难于实现达标处理，生物处理技术实施遇到极大障碍。

一直以来，新疆油田公司都积极响应国家战略，并努力通过技术创新等手段，践行绿色生产理念。为此，从2012年开始，新疆油田公司成立项目组，按照低成本无害化达标处理思路，自主开展稠油外排污水高效降解复合菌、生物接触氧化、化学高级氧化等相关工艺技术攻关，形成了适合克拉玛依油田稠油外排污水达标处理技术，解决了稠油外排污水中污染物超标的问题。

一是自主培育出了适用于克拉玛依油田的高效降解的复合菌群，复合菌群耐温可达70℃，且具有高耐盐性，对外排污水中COD去除率70%，石油类去除率85%，硫化物去除率100%。

二是创新形成了适用于克拉玛依油田的稠油外排污水达标处理工艺技术。其中，针对红浅、六九区外排含盐废水的可生化性，利用培养驯化的高效复合菌群，形成了"预处理＋生物接触氧化"的处理工艺；针对风城含盐污水可生化性差的特点，采用"混凝沉降＋臭氧氧化"相结合的工艺。

◀ 2010年4月17日，克拉玛依石化公司稠油炼化产品通过铁路专线输送至乌鲁木齐。（克拉玛依石化公司供图）

2014—2015 年，项目组在克拉玛依油田红浅、六九区块开展现场中试试验，通过曝气氧化、旋流气浮、水解酸化的预处理工艺，联合复合菌群对污水中不同有机物进行协同降解，含盐废水生物接触氧化后出水水质均达到排放标准。

2017 年，该成果在克拉玛依油田进行工业化应用，相继建成投产了六九区、红浅、风城 3 座含盐废水达标处理站，含盐废水处理站出水水质均达到排放标准要求。

截止到 2018 年，利用该项成果，克拉玛依油田累计处理稠油外排污水量 240 万立方米，应用效果明显。处理后的污水中，COD、石油类以及悬浮物含量均在要求范围以内，解决了油田外排污水中污染物超标的问题。

该项目的成功攻关和工业化应用，既有效保障了油田正常生产和效益开发，又保护了油区生态环境，既具有明显的经济效益，又具有显著的社会效益。

同时，新疆油田公司稠油外排污水达标处理技术的成功应用，对我国其他油田的稠油外排污水处理具有极大的借鉴作用，具有极大的推广应用前景。可以预见，随着该技术的广泛应用，也将成为新疆油田公司实现绿色生产、践行"绿水青山就是金山银山"理念的一大利器。

四、资源保障助力国家战略

2018 年 5 月，在克拉玛依机场跑道大修工程中，采用了克拉玛依石化公司生产的 SBS 改性沥青进行加盖。

其实，早在 2012 年，克拉玛依石化公司生产的这种沥青就已经成功应用于乌鲁木齐地窝堡国际机场跑道改造工程，从而改变了我国枢纽机场铺设跑道首选进口沥青的惯例。

除了这种沥青产品，克拉玛依石化公司还有很多特色产品在行业内外都享有盛誉，在用户中也极具口碑，该公司已经成为我国唯一的新型火箭燃料生产基地。

克拉玛依石化公司这些产品之所以能成为抢手货，根本的原因在于生产它们的原料——优质环烷基稠油。

2019年6月10日，央广网发布消息称：借助稠油开发创新技术，新疆油田公司稠油产量突破1亿吨，新增可采储量2亿吨，成为全国最大的优质环烷基稠油生产基地。在接下来的报道中，央广网指出，我国优质环烷基稠油80%需要进口且开采技术"受制于人"的局面如今被彻底改变。

而促成这一改变的，就是新一代浅层稠油、超稠油开发特色技术的运用。截至目前，它已为新疆油田公司稠油累积产量突破1亿吨。这其中大多数是被作为国防军工和重大工程建设的战略性原材料的优质环烷基稠油。

充实的资源保障让克拉玛依石化公司有了大展拳脚的机会。

近年来，随着克拉玛依油田稠油开发脚步的不断加快，克拉玛依石化公司的稠油加工也进一步扩大，年加工能力从500万吨升至600万吨；仅2011—2015年，克拉玛依石化公司累计加工原油2689万吨，比"十一五"期间增加了375万吨，增幅16%。

在这5年中，克拉玛依石化公司累计实现主营业务收入1402亿元，比"十一五"期间增加445亿元，增幅47%；累计上缴税费292亿元，比"十一五"期间增加168亿元，增幅达135%。企业经济效益和赢利能力居中石油炼化板块前茅。

2012年，克拉玛依石化公司凭借加工环烷基稠油的独特技术，荣获国家科技进步奖一等奖。

目前，克拉玛依石化公司利用新疆油田独特的环烷基原油资源，已发展成为中石油最重要的高档润滑油和沥青生产基地，也是西北地区低凝柴油、喷气燃料的主要生产基地。

中石油集团公司高级技术专家、中石油勘探开发科学研究院采收率所所长马德胜认为，正是通过运用稠油热采新技术，克拉玛依油田稠油采收率提高到60%以上，实现了上产500万吨的工业化目标，取得了重大生产实效，保障了国家稀缺战略资源的持续供给。对此，新疆油田公司总经理霍进对油田公司所担负的稠油生产任务也有着明确的认识。他说，环烷基稠油是石油中的稀土，克拉玛依油田的稠油是优质的环烷基稠油，更为珍稀，是炼制长征系列航空煤油、低凝点的军用柴油、超低温冷冻机油等高端特种油品不

▲ 2006年10月24日，重油公司稠油生产区块，修井工人正在抢修作业。（重油公司供图）

可或缺的原材料。如果我们的稠油产量上不去、稳不住，国家的重大工程、国防建设需要的特种油品和高端润滑油就得更多依靠进口甚至受制于人。特别是在当前复杂严峻的国际形势下，"卡脖子"的问题将更加凸显。

而另一方面，随着"新一代浅层稠油、超稠油开发技术"的日趋成熟，近几年来，新疆油田公司在委内瑞拉 MPE-3 稠油项目、胡宁 4 稠油项目，加拿大的麦凯河 SAGD 项目，哈萨克斯坦的库姆萨依稠油油藏、莫尔图克稠油油藏以及肯基亚克盐上稠油油藏等地都开展了对外技术合作。

其中，通过与阿克纠宾开展肯基亚克盐上、KMK 项目技术合作，直接推动了 1.95 亿吨稠油资源的有效动用，有力支撑了阿克纠宾连续 8 年油气当量超 1000 万吨，是中石油海外权益油气产量最大的项目之一。

霍进介绍说，我们所取得的这套创新技术，形成 4 大开发技术系列、5 类药剂配方、13 项自主创新产品、105 种新设备，授权国家发明专利 30 件，国家软件著作权 10 项，集团公司技术秘密 20 项，取得了大量的有形化成果和专利产品，能够提供稠油开发项目的开发方案设计、开发建设、生产运维的全过程的技术服务。新疆公司勘探开发研究院成立了专门的中亚研究所，立足中亚、面向全球，已经在十多个国家和地区开展了技术合作，为中石油海外板块稠油资源的高效开发和国家"一带一路"能源合作提供了坚实的技术支撑。

五、各方共赢带来社会效益

2012年5月9日，克拉玛依石化公司蒸馏装置首次试炼风城超稠油，这是中国石油集团公司重大科技专项"劣质重油轻质化关键技术研究"的一项重要内容。

"劣质重油轻质化关键技术研究"重大科技专项研究于2009年4月启动，主要针对重油加工开展，研究对象包括委内瑞拉超稠油、克拉玛依风城超稠油及辽河稠油的开发和利用。

在这个专项研究中，克拉玛依石化公司承担了"劣质重油焦化技术的开发""劣质重油生产特种润滑油和沥青技术开发""劣质重油脱盐脱钙技术研究"等5个课题的研究。

据克拉玛依石化公司总经理秦本记介绍，2009年以来，经过3年的研究，他们基本摸清了风城超稠油的脾性，使超稠油深加工技术得到了优化，同时也解决了利用超稠油生产润滑油、沥青等特色产品的技术难题。

在这一基础上，克拉玛依石化公司有了更长远的奋斗目标——打造世界级环烷基润滑油生产基地。

如果年加工能力为600万吨的克拉玛依石化公司扩建至1000万吨加工能力，会给该公司带来怎样的变化呢？

目前克拉玛依石化公司600万吨年加工能力中，环烷基稠油占到了300万吨，如果改扩建至1000万吨，环烷基稠油加工能力将增至600万吨。

目前，克拉玛依石化公司300万吨环烷基稠油产品的市场状态是：冷冻机油的国内市场占有率为85%；中高档橡胶油国内市场占有率70%以上；变压器油的国内市场占有率为46%；至于润滑油、沥青、光亮油等油品，则长期处于供不应求的状态。

"新疆刚刚开始大发展，对各类油品的需求必然会大幅度增加。抛开克石化环烷基稠油产品的独特优势不说，单从地缘因素来讲，我们的产品相对于其他地方的产品都占有绝对优势。"克拉玛依石化公司原总经理张有林对公司产品市场预期做如此判断。

▲ 2020 年 9 月 17 日，克拉玛依石化公司炼化设备平稳运行。目前，克石化公司利用克拉玛依油田独特的环烷基原油资源，已发展成为中石油最重要的高档润滑油和沥青生产基地，也是西北地区低凝柴油、喷气燃料的主要生产基地。（戴旭虎 摄）

目前，年加工能力为 600 万吨的克拉玛依石化公司年销售收入超过 200 亿元，利税几十亿元。如果克拉玛依石化公司加工能力改扩建至 1000 万吨，该公司对克拉玛依市乃至自治区的财政贡献及经济拉动将是巨大的。

不仅是克石化，对克拉玛依这样一座因油而生，因油而兴的城市而言，石油石化产业是克拉玛依工业发展和地方经济的顶梁柱，对地方经济的贡献占比 80% 以上。稠油产量的增长，不仅保障了中石油在克企业的持续发展，同时带动了克拉玛依地方企业钻修井、油建、油田技术服务等产业的快速发展，解决了 5 万余人的就业问题，促进了克拉玛依的稳定发展。

胡伟华

第十一篇

中国智慧 举世惊艳
——克拉玛依油田稠油开发的技术创新分析

▲ 2014年11月21日晚，风城油田作业区新建产能区块，一部部钻机正在钻井施工现场通宵达旦作业。经过数十年努力，克拉玛依油田浅层稠油开发在关键技术及工业化应用上不断突破，为稠油、超稠油的经济有效动用、产能建设、规模开采提供了强大的技术支撑。（桑圣江 摄）

　　经过二十多年的不懈探索，克拉玛依石油人研发形成的稠油开发系列技术，有不少独特的创新处于世界领先地位。这些技术创新不仅"解放"了

亿万年来深埋于克拉玛依地下的稠油，对油田、对城市、对国家做出了独特而重大的贡献，而且在业界赢得了世界性声誉，为全世界的稠油开发提供了"中国样本"和"中国智慧"。

一、形成支撑新疆浅层稠油上产技术

2018 年 12 月 23 日,《新疆浅层稠油开发关键技术及工业化应用》成果鉴定会在北京召开。会议认为,该成果整体技术达到国际先进水平,其中陆相浅层砂砾岩稠油注蒸汽开采后期转火驱提高采收率和浅薄层稠油注蒸汽开采技术处于国际领先水平,一致同意通过成果鉴定。

2018 年 10 月,在"第三届重油提高采收率"国际会议上,国际知名稠油专家 K.C.yang、Ian Gates 等评价:新疆油田公司的稠油开发技术将传统稠油开发技术提升到一个新的水平,引领着稠油提高采收率的方向,推广潜力很大。

经过二十多年的努力,新疆油田公司在浅层稠油开发关键技术及工业化应用上取得重要突破,并取得 4 个方面的创新成果,形成了支撑克拉玛依油田浅层稠油 500 万吨上产稳产的新一代技术——形成了浅层稠油、超稠油高效开发成套技术。

形成了浅层稠油开发技术系列,研发 105 种新装备,有力支撑了油田高效开采,引领了稠油热采技术的发展方向。这标志着稠油热采理论技术转型升级取得成功。该套技术在 2010 年、2013 年、2015 年分获"中国石油科技十大进展"。

◀ 2012 年 5 月 16 日,风城作业区超稠油开发区块,一位巡井工正在巡查新式抽油机的运行状况。(江池 摄)

二十多年来，随着技术攻关和创新，新疆油田公司浅层稠油开发的多项技术打破了国外垄断，让中国石油人在稠油开发，特别是超稠油开发领域挺直了腰杆，并将"中国智慧"带到了其他国家和地区。

二、SAGD 项目突破诸多禁区

世界著名稠油开发技术研究机构——加拿大阿尔伯达省创新技术研究院评价：新疆风城油田 SAGD 项目突破诸多禁区，是低品位超稠油唯一工业化成功的实例，应用前景广阔。

这个评价从一个侧面体现了该套技术的创新的"世界水平"：

创新强非均质超稠油双水平井 SAGD 技术，建成风城超稠油一百万吨基地；创建了多渗流屏障条件下蒸汽辅助重力泄油理论方法；创新双层交错组合、直-平点线组合和平-平线线组合等3类立体井网和两种多分支井型，储量动用程度提高12%，采油速度提高20%～40%；发明双水平井间高效预热启动、双水平井 SAGD 高温汽液界面调控、高温带压汽腔保护作业等9项关键技术，单项和综合指标均优于国际先进水平。

发明和创建了浅层辫状河强非均质超稠油 SAGD 开发技术体系，破解

▲ 2020 年 9 月 21 日，风城油田作业区二号稠油联合站员工正在对新稠油处理装置进行巡检作业。（闫勇 摄）

了多渗流屏障与蒸汽腔融合高效泄油的世界级难题。被国外二人石油公司判为开发"禁区"的数亿吨超稠油资源的开发难关终被攻克，2018年产油102万吨，预计2025年产油200万吨以上。

三、首创注蒸汽尾矿高温火烧驱油理论技术

2018年5月，有13位院士和专家坚定认为：陆相浅薄层砂砾岩稠油注蒸汽开采技术和陆相浅层砂砾岩稠油注蒸汽开采尾矿转火驱提高采收率技术达到国际领先水平。

新疆油田公司首创注蒸汽尾矿高温火烧驱油理论技术，在红浅油区，提高采收率36个百分点。形成了注蒸汽后尾矿"原位改质－前缘剥离－通道携带"的高温火驱战略接替技术，可以延长油藏的商业开发周期15年，提高采收率36%，建成年产30万吨生产能力，新增可采储量4680万吨。吨油能耗和CO_2排放分别下降91%和38%，破解了尾矿绿色高效开发再利用的世界级难题。

这项"世界首创"的成果来自一个久远的发展背景：1984年，克拉玛依油田拉开了稠油规模开发的序幕。二十多年过去了，至2008年，新疆稠油主体区块已进入开发中后期，平均采出程度达到了25%左右，含水率超过85%。

克拉玛依油田稠油开发的现状，只是中国稠油开发的一个缩影。同期的中国稠油已开发的区，普遍进入了注蒸汽开发中后期，面临着采出程度低、油汽比低、吨油操作成本高等问题。

此时，采用原有的稠油开发方式——注蒸汽开发，已经难以实现中后期稠油的有效开发。克拉玛依稠油乃至中国稠油的开发，亟须新的接替技术。

为了提高注蒸汽开采后稠油油区开发的采收率，新疆油田公司组织精兵强将，决定开展专项技术攻关。于是"新疆稠油直井火驱重大开发试验关键技术研发及工业化应用"项目应运而生。

火驱技术是指通过注汽井连续注入空气，点燃油层中的油加热油层，使稠油变软变稀增加流动性，然后将原油推向生产井被开采出来的一种稠油热

▲ 2018年12月20日，风城油田作业区采油二站员工正在调整阀门，为油井注汽做准备。（吴小川 摄）

▲ 2013年9月3日，风城油田作业区员工在新投用的注汽锅炉现场巡检作业。（风城作业区供图）

▲ 2018年8月8日，红浅作业区火驱先导试验区，应急抢险救援中心技术人员正在现场奋战。（牙地克·买买提江 摄）

▲ 2020年4月22日，风城油田高含盐污水深度处理工程VC工艺包施工正在进行。（克拉玛依市三达公司供图）

采技术，具有热效率高、采收率高、节能减排等优势。利用火驱技术，稠油油藏采收率最高可达70%～80%。

　　火驱技术虽然采收率高，但面临在地层中原油燃烧过程复杂等诸多问题。与此同时，国外火驱矿场试验均在原始油藏开展，注蒸汽开采后转火驱开采没有先例可循，且火驱机理复杂，矿场试验关键技术缺乏。

面对火驱全新的开采方式和技术挑战，克拉玛依的石油科研人员上下齐心、不畏艰难、苦干巧干实干，通过创新室内实验手段，突破了原始油藏火驱驱油理论的认识，揭示了原油火烧机理，攻克了井下功率电点火、火线前缘调控等重大技术难题，使直井火驱技术在现场得到了工业化应用，实现了稠油油区开采中后期的高效开发和效益建产。

首先，突破了原始油藏火驱驱油理论认识，创建了注蒸汽后稠油火驱驱油理论；其次，构建了高渗通道控制下砂砾岩储层直井火驱动用模式，提出了基于不同模式的差异化调控对策；最后，攻克了点火、火线前缘监测等重大技术难题，形成了注蒸汽后转火驱开发配套关键技术。

2015年，该成果被评为"中石油七大勘探开发新技术"之一，并在同年被评为"中国石油十大科技进展"之一。2019年1月，在科技部查新报告中，该成果的查新结果显示：国内外未见报道，具有新颖性和创新性。

该成果取得的荣誉和对该成果的鉴定结果，是对直井火驱技术的充分肯定和高度认可。

目前，火驱技术已在红浅1井区火驱工业化"30万吨产能建设"中应用，动用储量1500多万吨，使注蒸汽开采后的稠油油藏重新焕发青春，实现了高效开发，取得了可观的经济效益和社会效益。

该成果的技术和理论突破，开辟了稠油注蒸汽开发尾矿再利用的新领域，为大幅度提高稠油采收率提供了战略性接替技术，为新疆油田公司持续稳产做出了重要贡献。

四、研制世界第一台回用含盐污水的过热锅炉

在稠油开发过程的废水余热资源利用中，新疆油田公司取得了一系列创新成果——研制出世界第一台回用含盐污水的过热锅炉。这种锅炉在风城油田的广泛运用，累计回用污水4.2亿吨，相当克拉玛依油田5年用水量的总和，并已推广至胜利油田所属春风油田、加拿大多佛油田。

发明稠油热采分布式无动力密闭集输工艺，创新多相采出液非稳态高效换热技术，热能利用率由传统的75%提高到95%，发明采出液高效处理及

资源化利用技术，吨油单耗降低 21.4%。

发明"破胶失稳——破乳脱水"油水高效分离技术，处理原油黏度是国外的 5 倍，脱水效率是国内同类技术的 30 倍。

通过上述技术的应用，形成了以"高干度注汽、高温集输、高效脱水、低成本污水回用"为特点的稠油地面工艺模式，在风城油田建成国内首个稠油物联网示范基地，人力资源配置减少 75%。

可以说，这些创新成果从一个侧面体现了"绿水青山就是金山银山"的发展理念，也展现了新疆油田公司在稠油开发中始终如一的"绿色引领"的发展宗旨。

先说高温密闭脱水技术，即高温复杂采出液高效脱水技术：针对复杂采出液脱水难的问题，创新"破胶失稳——破乳脱水"油水分离机理，发明耐高温（220℃）有机化学剂产品，建立基于仰角脱水装备的强制对流脱水工艺，脱水时间由 120 小时缩短至 4 小时，净化油含水从 5% 降低到 0.5%。

据介绍，由于 SAGD 采出液具有高温、高压、乳化严重的特点。因此，如果不对其进行特殊处理，就很难发生油水分离。而设计人员蒋旭等人所要做的就是动用各种技术和手段，设计出合适的装置，让 SAGD 采出液通过这些装置后，将其中的原油分离出来。

他们的这些装置组合起来形成了一个共有的名称——风城油田 SAGD 采出液高温密闭脱水试验站。

作为主要设计者，蒋旭知道，当风城油田 SAGD 井达到一定数量，这个试验站处理的采出液也将达到饱和状态，而这对他来说，则意味着他晚上加班的次数更加多了。

一些 SAGD 试验井相继进入生产，而采出液进入风城一号稠油联合站后，原油脱水困难，给一号稠油联合站油水处理系统的平稳运行带来困扰。

其实，SAGD 采出液之所以难处理，无外乎在于它高温、高压、乳化严重的特点。

蒋旭和他的团队开始展开技术攻关，组织对主要脱水设备进行自主研发、自主生产。经历了几个月的项目立项、几个月的 SAGD 高温采出液物性分析以及 SAGD 高温采出液密闭集输工艺研究和 SAGD 高温采出液试验装置研究及现场试验、一年的施工图设计与现场施工……

如今，高温密闭脱水技术达到了国际领先水平。再说循环流化床锅炉：发明世界第一台分段蒸发式过热锅炉，给水矿化度限值由国际标准的 5 毫克 / 升拓宽到 2000 毫克 / 升，实现了高温污水直接回用，水、热资源利用率由传统的 75% 提高到 95%。

我国首台可回用油田污水生产高干度蒸汽进行稠油开采的大吨位流化床燃煤锅炉，简称循环流化床燃煤锅炉，这台锅炉于 2012 年 3 月投产，每小时产汽量达 130 吨。

与电站循环流化床锅炉需使用纯水不同，这台燃煤锅炉使用的水，不仅可以是普通清水软化水，也可以是经过处理回收的油田采出污水，这么做可以大幅度提高污水利用率。

还有一个重要试验与燃煤注汽锅炉相关，它是风城高含盐水处理回用中试试验工程。这项工程与"油泥与煤混烧的试验"相同，均属于同一个项目名为"热采节能节水关键技术研究"，该研究是中国石油低碳关键技术研究的课题之一。

"中国石油低碳关键技术研究"是中石油重大科技专项。说到高含盐水利用工程，它的核心是一套工艺。这套工艺与相关的装置组合在一起，只为解决一个问题——对燃煤注汽锅炉产生的高含盐废水进行分离，并让分离出来的水回用锅炉，其他成分也能有效利用。

从 2012 年初起，设计人员周京都和同事就为解决这个问题而展开研究。那时他们最大的难题是"国内外无经验可循"。他们在查阅大量资料后发现：尽管国内也有类似的蒸发处理工艺，然而这类工艺均应用于药品、食品、制盐等领域。也就是说，将高含盐水蒸发处理工艺应用于油田生产，尚属首次。

这些高含盐污水中，主要来自风城油田稠油开采日益增加的燃煤注汽锅炉，还有少量则来自软化水处理过程。随后，他们开始研究适合的工艺，并与国内相关技术领域中的技术专家和科研院所展开合作。先后前往广西、四川的氧化铝行业和制盐行业进行调研，希望能为工程的成功提供借鉴。

2012 年 4 月，该试验的设计方案通过中石油股份公司审查，通过该工艺可回收 98% 的无盐水回用注汽锅炉，盐最终以固态形式回收，以期达到"零排放"。

2012 年 8 月 10 日，高含盐水利用试验站建设动工，该站设计规模为 240 立方米 / 天。

…………

这一系列的技术创新，构成了浅层稠油开发的技术体系，在稠油开发领域展现了中国人的聪明才智，提升了克拉玛依石油人、新疆油田公司乃至中石油在全世界的良好形象。

姜晶华

第十二篇

走向世界 扬威海外

——克拉玛依油田稠油开发技术推广应用情况扫描

▲ 新疆油田公司技术支持中心在阿克纠宾州开展对口服务的石油公司主要有两家：中油国际（哈萨克斯坦）阿克纠宾公司和 KMK 石油股份公司。（中亚油气研究所供图）

克拉玛依石油人经过几十年的不懈攻关，创新出一系列稠油开发技术。这一系列创新技术，在世界范围内都具有广阔的推广应用前景。近年来这一系列新技术已经走出克拉玛依甚至走出国门，不仅获得良好的经济效益，更重要的是通过技术输出，提升了中国石油和中国的形象。

一、成功应用到国外油田

从全球稠油资源结构和分布来看，浅层稠油油藏储量资源占世界稠油总储量的 70%，超过 5000 亿吨是非常可观的，这些稠油主要分布在北美的加拿大、美国，南美的委内瑞拉，中亚－俄罗斯等国家和地区。仅委内瑞拉浅

◀ 中油国际（哈萨克斯坦）阿克纠宾公司油气处理厂正平稳运行。新疆油田公司稠油开发技术为哈萨克斯坦油气田增储上产和稳产发挥了积极而重要的作用。（中亚油气研究所供图）

层稠油资源量就超 3000 亿吨，油藏条件比我国的稠油油藏的还要好，储层较为均质，原油黏度都没有克拉玛依油田的高。

目前，新疆油田公司的稠油成套技术已成功应用到国内的春风、吉林等油田和哈萨克斯坦、加拿大、委内瑞拉、苏丹等国家。

这几年，新疆油田公司在委内瑞拉 MPE-3 稠油项目、胡宁 4 稠油项目，在加拿大的麦凯河 SAGD 项目，哈国的库姆萨依稠油油藏、莫尔图克稠油油藏、肯基亚克盐上稠油油藏、KMK，开展了对外技术合作。

其中，新疆油田公司与哈萨克斯坦阿克纠宾油田开展肯基亚克盐上、KMK 项目技术合作，推动了 1.95 亿吨稠油资源的有效动用，有力支撑了阿克纠宾油田连续 8 年油气当量超 1000 万吨，是中石油海外权益油气产量最大的项目之一。

中国油企海外浅层稠油矿权储量多达 143 亿吨以上，新疆油田公司的稠油开发创新技术即使只用在这些资源的开采上，也有十分广阔的前景。

2018 年 1 月，中油国际阿克纠宾公司、中油公司 KMK 公司、中油国际 PK 公司、中油国际 ADM 公司发来感谢信，对新疆油田公司中亚油气研究所 ADM 技术支持组在 2017 年为 ADM 公司开发生产工作所做出的贡献表示感谢，这些感谢都是因为中亚研究所运用稠油开发创新技术对它们进行了支援。

这套走向世界的技术也叫强非均质特超稠油开发关键技术。该套技术包括：强非均质超稠油双水平 SAGD 技术、多相协同注蒸汽开发技术、注蒸

◀ 新疆油田公司技术专家在肯吉亚克盐上油藏的稠油区块作业现场指导工作。（中亚油气研究所供图）

汽尾矿高温火驱技术、高温复杂采出液高效处理及资源化利用技术。

二、助力海外市场开拓

2009 年，第一任所长喻克全带领第一批中亚油气研究所的精英，来到哈萨克斯坦。他们凭借先进的稠油开发理念和技术，促使阿克纠宾公司原油产量于 2009 当年便突破 600 万吨大关，2011 年达 628 万吨。

扎纳若尔油田是中油哈萨克斯坦阿克纠宾公司主力油气生产区块，它的主体开发区外围储层物性差、油层厚度薄、非均质性严重。因此这一区域内的储量一直没有得到良好使用。

其中，这个油田的肯基亚克盐上稠油油藏，是最早开发的区块，目前已进入开发中后期，停产井多、含水高、单井产油水平低、局部井距过大。

对于肯基亚克盐上油藏，喻克全他们采取的是"采用水平井技术实现老区井网加密调整"的方法。该方法应用后，已完钻的水平井平均油层钻遇率达到 97%，试油效果显著，单井日产是当地直井产量的六七倍以上。

而这一成功，有效拓展了海外市场的发展空间。

2014 年，中亚所科研人员围绕"提高稠油热采效果和有效动用稠油开发潜力资源"这一主题，针对哈萨克斯坦阿克纠宾地区 KMK 石油股份公司开发存在的主要问题，不断强化稠油油田地质基础研究，优化制定了一系列技术对策，在剩余油潜力区实施加密和扩边调整开发，使老区新钻水平井平均单井产油量达到 15 吨以上。

同年，他们把扎纳若尔油田的低产油井上反转为采气井，使该油田成了油气田，进入了由单一原油生产变为油气并举的新时代。目前，扎纳若尔油气田已成为已建成的中哈天然气管线二期工程的主供气源地。

在为哈萨克斯坦阿克纠宾公司解决问题期间，中亚所科研精英们让油田焕发"第二春"的能力，渐渐地得到了其他公司的关注。

2011 年，哈萨克斯坦 PKKR 公司发出邀请，希望中亚所的科研技术人员能够为他们提供技术支持。

在中亚所成立 PK 项目组到哈萨克斯坦 PKKR 公司做技术支持以后，形成了针对 PKKR 公司的勘探开发一体化、地质工程一体化、技术经济一体化的技术支持模式，先后发现了 Ket-8 井区、KB-37 井区等 11 个油气藏，确保该油田又连续 4 年稳产 300 万吨以上。

在技术支持期间，PK 项目组本着降本增效的理念，在试采初期提前进行地面工程方案规划设计这一措施，为油田及时转开发奠定了基础，并提前 9 个月结束单井拉油的历史，总共节约拉油费用 492 万美元。

这样一来，甲方对 PK 项目组的工作更加高度认可，更拉紧了互相信任的纽带。

2013 年，PK 项目组又大胆提出了"西吐孜库尔油田百万吨产能建设规划"。之所以说它大胆，是因为在哈方看来，这是不太可能完成的事，只有 15 口探井和评价井，年产量能凑凑合合达 10 万吨就很不错的油田，怎么可能有 100 万吨产能呢？

PK 项目组却提出：在仅仅只有 15 口探井和评价井的基础上，整体部署 320 口井，同时通过其他措施手段来实现"百万吨产能建设"计划。这看似"疯狂的计划"让 PKKR 公司抱有担心和怀疑，但出于前期积累的信任，还是交给了 PK 项目组大胆干的权力。

PK 项目组后来不负众望，通过整体部署、分批实施，在该油田还没有转开发的情况下，使年产量就达到了 56 万吨，油田规模与初期预测基本一

▲ 2018年8月23日，在哈萨克斯坦阿克纠宾地区的 KMK 石油股份公司莫尔图克油田，稠油的开采正如火如荼。近年来，新疆油田公司在委内瑞拉、加拿大、哈萨克斯坦等国家的稠油油藏开发板块开展了对外技术合作。（中亚油气研究所供图）

稠油开发的『中国样本』

致，并成了 PKKR 公司主力产量贡献区及最大资源接替区。

PK 技术支持组的付出，为中石油海外能源战略做出了贡献，同时为新疆油田公司相关技术服务企业开拓海外市场奠定了坚实基础。

三、推广高效开发技术

目前，新疆油田公司海外技术支持中心在哈萨克斯坦提供稠油开发技术服务的地区主要集中在阿克纠宾州，开展对口服务的石油公司主要有两家，一家为中油国际（哈萨克斯坦）阿克纠宾公司，2009 年 3 月 9 日正式进入；另一家为 KMK 石油股份公司，2013 年 12 月 25 日正式进入。

从 2009 年的先行摸索和技术支持，到如今的技术升级和逐步推广，由勘探开发研究院中亚油气研究所牵头的新疆油田公司海外技术中心，已凭借克拉玛依石油人几十年创新研发的稠油开发技术，在哈萨克斯坦的稠油开发上取得了骄人的业绩。

新疆油田公司海外技术支持中心以新疆油田公司稠油主体开发技术为依托，在哈萨克斯坦国油气田增储上产和稳产过程中发挥了积极而重要的作用，体现了新疆油田公司的稠油开发技术优势，展示了新疆油田公司的海外良好形象。

肯基亚克油田盐上油藏为带边底水的浅层砂岩普通稠油油藏，1966 年投入开发，前期主要以天然能量方式开发，无须采用抽油机，减少了相关成本和能耗。后在 1997 年由中石油接手开发。

在中油国际（哈萨克斯坦）阿克纠宾公司肯基亚克盐上油藏的应用方面，新疆油田公司海外技术支持中心推广了以下技术和措施。

一是开展多种先导性试验优化开发方式。为寻求更有效的开发方式，选取了多个试验区进行多种开发方式先导性试验。这些试验主要有注冷水转聚合物驱、热水驱、大井距蒸汽吞吐转蒸汽驱、小井距蒸汽吞吐转蒸汽驱、过热蒸汽吞吐等。转热采开发试验的成功，说明了冷采四十余年后转热采开发依然是可行的，最终确定了井网加密更新后注蒸汽开发的开发方式。通过逐步加密和完善热采井网，年产量取得稳步增长。

二是逐步扩大热采开发规模。2011 年后，产量出现下降，为了减缓产量递减，他们逐步扩大热采开发规模。截至 2018 年 12 月全区通过转汽驱等措施，确保了油藏可持续开发。

三是推进巴列姆组含层间水稠油油藏转热采开发。巴列姆油藏初期采用冷采方式投产，所有的井均见层间水。针对冷采方式无法有效动用储量资源的问题，在理论研究的指导下，2017—2018 年共开展了蒸汽吞吐热采试验并取得了成功，证明巴列姆组含层间水稠油油藏转注蒸汽热采开发是可行的，推动了巴列姆组的储量升级及可采储量复算工作，采收率提高了 10% 以上。

四是采用水平井开发技术，挖掘油藏剩余潜力。

五是积极引进稠油开发先进技术保障油田开发效果。通过开展精细水驱试验、引进氮气泡沫辅助蒸汽吞吐技术，实现了增产增效。

六是重新编制肯基亚克油田盐上油藏开发方案，保障油田年产油量重上 50 万吨。在 KMK 石油股份公司库姆萨依油田和莫尔图克油田的应用方面，新疆油田公司海外技术支持中心推广了以下技术和措施：规模化运用水平井开发技术；采用多元热流体新技术；应用氮气泡沫混相吞吐技术。通过这些技术的应用，有力确保了两个油田的高效开发。

四、带动相关油服企业走出国门

自 1997 年以来，克拉玛依油田作为中油阿克纠宾公司油气生产对口支持单位，以克拉玛依石油人的浅层稠油主体开发技术为依托，在肯基亚克盐上稠油老区稳产和KMK项目新区快速上产过程中发挥了积极而重要的作用。

借鉴"新疆浅层稠油蒸汽吞吐蒸汽驱筛选标准"及开发技术，评价论证了肯基亚克盐上、库姆萨依、莫尔图克等稠油油藏合理的开发方式及技术政策界限，编制的肯基亚克油田盐上稠油开发调整方案和KMK项目新区开发方案，支撑了 1.95 亿稠油资源的有效动用，2021 年稠油年产量将达到 100 万吨。

集成应用蒸汽吞吐、蒸汽驱、水平井等主体技术及优化注汽、分层注汽、高温调剖、化学驱采油等稳产调控措施，确保了肯基亚克盐上及KMK项目稠油开发指标的持续改善和提高，其中肯基亚克盐上稠油的油汽比达到 0.45，采出程度由 1997 年接管时的 12.9% 提高到目前的 22%。

使用过热蒸汽、水平井分段注汽、生产井防砂冲砂、氮气泡沫吞吐、动态监测等热采配套工艺技术，有效保障了稠油生产的平稳运行，降低了开采成本，提高了项目公司的抗风险能力。

阿克纠宾项目是中国石油贯彻国家利用"两种资源、两个市场"战略最早"走出去"在中亚地区进行油气合作的项目，也是中哈原油管道的油源之一。

新疆浅层稠油特色技术在阿克纠宾项目的成功应用，实现了中国石油特色技术在海外项目的规模化应用，带动了工程设计、工程施工及相关油气服务企业"走出去"，并在"走出去"中发展了中国技术，彰显了中国智慧，展示了中国形象。

浅层稠油开发技术的成功应用，有力支撑了中石油阿克纠宾公司连续 8 年油气当量超过 1000 万吨，阿克纠宾公司也因此成为中石油海外权益油气产量最大的项目之一，在保障国家能源安全及丝绸之路经济带的建设中发挥了重要作用。

▲ 印有中石油 logo 的储油罐在哈萨克斯坦阿克纠宾公司稠油处理站投用。新疆油田公司勘
探开发研究院中亚所科研人员让这片老油田焕发 "第二春"。（中亚油气研究所供图）

五、老师学生角色互换

世界著名稠油开发技术研究机构——加拿大阿尔伯达省创新技术研究院
评价：克拉玛依风城油田 SAGD 项目突破诸多禁区，是低品位超稠油唯一
工业化成功的实例，应用前景广阔。

可以说这个评价很好地展现了新疆油田公司形成的强非均质超稠油双水
平 SAGD 技术。

十几年前在 SAGD 方面，加拿大是克拉玛依的老师。但从 2010 年开始，
这一角色发生了互换，加拿大麦肯河油田开发商——阿萨巴斯卡油砂公司总
经理李智明被风城 SAGD 的效果所吸引。2010 年 3 月 19 日，他主动找到
新疆油田公司副总工程师张学鲁要求技术合作——希望运用风城油田重 32
井区的 SAGD 技术启动麦肯河油田一期的产能建设。

随后几年里，双方的互动不断增强，新疆油田公司的强非均质超稠油双水平 SAGD 技术走进加拿大稠油油田，曾经的"学生"成了如今的"老师"。

2015 年 6 月 28 日—7 月 4 日，为充分互相了解，应加拿大步锐公司项目需求，加强彼此联系和沟通，争取开展技术合作，新疆油田公司访问小组前往加拿大卡尔加里市与步锐公司进行了访问和交流。

2015 年 10 月，加拿大步锐能源公司到新疆油田公司进行了考察，双方就油砂资源开发合作事宜进行了交流，并签订了全面服务合作框架（MSA）协议。2015 年 11 月，新疆油田公司与步锐公司签订《麦肯河油砂开发方案编译》《麦肯河与新疆风城 SAGD 开发对比研究》两个订单，目前已全部完成。

2016 年 11 月，新疆油田公司与步锐公司签订《麦肯河油砂一期 SAGD 技术支持》订单。2016 年 12 月、2017 年 5 月，克拉玛依油田分别派出团队，按订单要求执行技术支持任务。

在麦肯河油砂一期项目上，新疆油田公司的 SAGD 开发技术支持团队充分利用多年来在 SAGD 开发过程中汇聚的人才、技术、管理优势，为加方油砂项目开发提供技术与管理支持，实现了互利双赢，共同为中石油海外事业做出积极贡献。

目前全世界的稠油探明储量高达 8150 亿吨，占全世界剩余石油探明储量的 70%。无论哪个数字，都表明了今后稠油在世界能源格局中的无比重要性。

稠油无比重要，开采稠油的有效技术也就同样重要。无论是作为克拉玛依这座城市还是作为新疆油田公司，这家企业拥有如此重要的技术，都意味着拥有巨大的内外市场空间，同时也意味着拥有更大的财富。

如何将具有世界领先水平的技术用好，为国家树立良好形象，为中石油带来良好声誉，为新疆油田公司积蓄可持续发展强大动力，为克拉玛依人造福？这是克拉玛依市和新疆油田公司今后又要不懈攻关的另一个大课题。

姜晶华

后 记

唐跃培

强非均质特超稠油开发关键技术及工业化应用，是克拉玛依石油人经过几十年不懈攻关取得的重大成果。这一成果的价值与意义，可以与中华人民共和国成立后第一个大油田的开发、玛湖和吉木萨尔两个十亿吨级特大油区的发现，同样由克拉玛依石油人创造的惊世成就媲美。

这一处于世界领先水平的技术及工业化应用，成就了克拉玛依油田稠油成功开发这一具有世界意义的稠油开发"中国样本"。它再一次用事实证明，中国人有独立自主、自力更生的决心、勇气、智慧与能力。

这一重大成果的具体价值，体现在以下几个方面。

一是能源保障价值。石油是现代工业的"血液"，是现代经济社会运行必需的重要能源。正因为有了这一重大技术创新成果，准噶尔盆地的稠油资源才得以有效开发。1996—2018 年，克拉玛依油田一共生产稠油 8260 万吨，为满足高速发展对石油的巨量需求做出了巨大贡献，为保障国家能源安全贡献了克拉玛依的力量。

二是经济效益价值。1996—2018 年，克拉玛依油田生产的 8260 万吨稠油，经济价值 1879 亿元，上缴税费 326 亿元，实现利润 617 亿元。稠油开发获得良好的经济效益，对克拉玛依油田、克拉玛依市乃至整个新疆的发展都做出了巨大贡献。

三是国家安全价值。克拉玛依油田生产的稠油，是优质环烷基稠油。这种稠油有"石油中的稀土"的美誉，可见其珍贵程度。用这种稠油炼制的各种高端特色产品，打破了发达国家对众多高端油品的垄断、禁运局面，彻底改变了 20 世纪我国 80% 的优质环烷基稠油依靠进口的状态，使我国在航空煤油、高端润滑油、变压器油、冷冻机油等特种油品上的对外依存度大幅下降，迫使这些特种油品的进口价格大幅度降低，间接为国家节约了大量资金。更为重要的是，航空航天煤油的自主炼制，增强了国防实力，提升了国家的安全程度。我国 2019 年 12 月 27 日发射重达 870 吨的"胖五"运载火箭，使用的就是克拉玛依石化公司用克拉玛依油田开采的稠油炼制的航天煤油。

四是技术高地价值。这一重大成果包含了 4 大开发系列技术、5 类药剂配方、13 项自主创新产品、105 种新设备，获得国家授权专利 30 项、国家软件著作权 10 项。这些技术成果比较充分地展示了在稠油开发领域克拉玛依石油人的"中国智慧"。正如有关专家指出的，拥有了这些核心技术和设备，就掌握了稠油开发的"独门武功"，克拉玛依也可以说因此而由"石油城市"升级为"技术城市"。更意味着克拉玛依市、新疆油田公司在全世界的稠油资源区域拥有了广阔的市场。现在，稠油储量占全世界已探明石油储量的 70%。

稠油开发技术及设备研发这一重大成果的价值，当然不仅仅是上面所说的这四个方面，它的直接价值和间接价值都还有很多。而超越这一切有形价值之上的更为重大、影响更为深远的无形价值，是在这一重大成果的形成过程中诞生、体现、凝聚的巨大精神力量。

这一巨大的精神力量包含以下几种精神。

一是迎难而上的精神。稠油开发难，准噶尔盆地蕴藏的陆相非均质浅层高黏稠油开发更是难上加难。风城稠油曾被加拿大石油公司、法国道达尔公司、美国雪佛龙公司这世界三大石油公司判定为开发禁区。如果克拉玛依石油人没有大无畏迎难而上的精神，那就可以理直气壮地接受现实。但是，我们克拉玛依的"儿子娃娃"没有被世界级石油公司的结论吓倒，不仅勇敢地坚持干了，而且成功了。

二是独立自主的精神。这一重大成果中的系列技术，有的完全是克拉玛依石油人的首创，有的外国已经存在了，但其实施技术封锁。克拉玛依石油人有着坚定不移的信念和勇于挑战的心。正是这种独立自主、勇于创新的精神，使克拉玛依石油人打破了各种各样的技术封锁，研发出系统完备的稠油开发技术与设备。

三是百折不挠的精神。在科学研究中没有平坦的大道，只有不畏劳苦沿着陡峭山路攀登的人，才有希望达到光辉的顶点。克拉玛依石油人正是拥有这种不畏劳苦、不怕挫折的一群人。克拉玛依石油人从20世纪五六十年代就开始对稠油开发进行攻关，几十年来挫折与失败数不胜数。正因为具有这种精神，克拉玛依石油人才能最终"达到光辉的顶点"。

四是科学求实的精神。稠油有多稠，有的像米糊，有的像黄油，有的则像红糖块。它们埋藏在几百、上千米深的地下。要把这样的东西开采出来，一定需要靠科学精准的方法与手段。几十年来，克拉玛依石油人坚持不懈的，便是在反复摸索、寻找这样科学精准的方法与手段，而没有足够的科学求实精神是绝对不行的。

五是勇于奉献的精神。研发稠油开发系列技术像一场"战争"，战场在办公室、实验室，更在风霜雨雪、严寒酷暑交织的茫茫荒原。一项开发技术实验的成功，往往需要几个月、一年甚至更长的时间。而在这几十、几百天的时间里，科研人员大多数时间必须住在现场，随时监测各项数据，随时根据实际情况进行调整。在茫茫的戈壁荒滩生活几十天、几百天，没有勇于奉献的精神又靠什么来支撑呢？

迎难而上、独立自主、百折不挠、科学求实、勇于奉献，汇聚成巨大的精神力量，催生了稠油开发系列技术与设备，也熔铸成了克拉玛依石油人独特的精神气质。这种精神是克拉玛依石油人的精神，更是我们中国人共有的精神。

是的，这是几十年稠油开发攻关中所体现和凝聚的一种"中国精神"。这种"中国精神"的发扬光大，必将给新疆油田公司带来更加辉煌的明天！